달걀은
항상 옳아

계란으로 어디까지 만들어봤니?

# 달걀은 항상 옳아

**초판 1쇄** 2017년 1월 16일 펴냄

**지은이** 김영빈
**펴낸이** 김성실
**책임편집** 김성은
**사진** 이혜원
**요리어시스턴트** 김은선·이정화
**달걀 협찬** 한국양계농협(www.kegg.co.kr)
**표지디자인** 채은아
**제작** 한영문화사

**펴낸곳** 윈타임즈　　**등록** 제313-2012-50호(2012. 2. 21)
**주소** 03985 서울시 마포구 연희로 19-1. 4층
**전화** 02) 322-5463　　**팩스** 02) 325-5607
**전자우편** sidaebooks@daum.net

ISBN 979-11-85651-88-0 (13590)

잘못된 책은 구입하신 곳에서 바꾸어 드립니다.

이 도서의 국립중앙도서관 출판시도서목록(CIP)은 서지정보유통지원시스템 홈페이지(http://seoji.nl.go.kr)와
국가자료공동목록시스템(http://www.nl.go.kr/kolisnet)에서 이용하실 수 있습니다.(CIP제어번호: CIP2016030879)

EGG
RECIPE

계란으로 어디까지
만들어봤니?

# 달걀은 항상 옳아

김영빈 지음

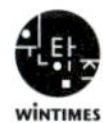

WINTIMES

계란이 왔어요,
계란이~
신선하고 맛있는 영양만점

계란이 왔어요.

계란이 왔어요,
계란이~
신선하고 맛있는 영양만점

프
롤
로
그

햇살이 창가에 닿지 않은 새벽 어스름.

졸린 눈을 비비며 앞치마를 대충 두르고 찬장을 뒤적뒤적 팬을 꺼냅니다. 레인지에 팬을 올려 달구고 식용유를 두른 뒤 냉장고에서 막 꺼낸 달걀을 팬 모서리에 톡 부딪혀 반으로 나눕니다.

"톡~툭~지이익~지글지글~"

껍데기에서 떨어져 나간 달걀 흰자 테두리는 무도회에 입고 나간 드레스 자락처럼 나풀거리며 춤을 추고, 탱글탱글한 달걀 노른자는 벌써부터 식욕을 자극합니다. 별다른 테크닉이나 재료가 없어도 달걀 프라이 하나면 아침식사를 준비하는 시간은 든든합니다.

마트에 장을 보러 가면 아무 망설임없이 습관적으로 장바구니에 담게 되는 재료, 냉장고를 열면 언제나 자리를 지키고 있는 만만한 식재료가 바로 달걀이지요.

그 달걀로 만드는 요리책을 제안 받고 처음에는 생각이 많아지고 고민이 깊어졌습니다.

'달걀로 무슨 요리를 해서 책 한 권을 다 채우지? 베이킹 책도 아니고 달걀이 메인인 요리책이라…'

주인공이 달걀인 요리책을 만들기에는 달걀은 왠지 2퍼센트 이상 부족한 식재료라고 생각했어요. 주방에서 요리를 할 때도 달걀은 비상 식량이나 부재료라고 밖에 생각되지 않았거든요.

하지만 요리책을 위한 테스트 키친 작업을 하면서 그 걱정이 기우였다는 사실을 알게 되었습니다. 달걀로 할 수 있는 요리는 꼭 베이킹이 아니라 해도 참으로 무궁무진했어요.

달걀은 빵이나 채소 등 보조 재료만 첨가하면 충분히 한 그릇의 메인 요리가 되더라고요. 심지어 오롯이 주인공은 아니어도 달걀이 없으면 맛이나 모양이 나지 않는 요리들까지…….

껍데기를 깨뜨려 형태를 살리거나, 모양을 살려 그대로 삶거나, 촬촬촬 풀어서 요리를 해도 그 모양이 어찌나 예쁜지.

테스트 키친과 레시피 작업을 하면서 이렇게까지 "예쁘다" "맛있다"를 연발한 적도 없었던 것 같아요. 길고도 힘들 것 같은 테스트 키친 작업이 간단하게 끝났음은 말할 필요도 없고 이 책 한 권이면 달걀 요리는 웬만해선 다 할 수 있을 것 같다는 생각까지 들었습니다.

이번 달걀 요리책 《달걀은 항상 옳아》에는 매일매일 예쁘게, 끼니끼니 맛있게 먹을 수 있는 일상요리부터 특별한 날의 스페셜 요리까지 달걀로 할 수 있는 다양한 요리를 담아 보았습니다. 가장 쉬운 것 같지만 사실은 그렇지 않은 기본적인 달걀 프라이나 수란 등 기초 요리법까지 자세히 담았습니다. 이 책 한 권이면 달걀이 들어간 기초부터 레스토랑이나 브런치 전문점에나 있을 것 같은 고급요리를 홈셰프처럼 뚝딱뚝딱 해낼 수 있을 것입니다.

마지막으로 이 책을 낼 수 있게 도움주신 원타임즈 대표님과 실장님, 예쁜 사진 찍어주신 혜원 씨, 항상 든든한 양 날개가 되어주는 정화, 은선 고맙습니다. 많고도 많은 달걀 테스트 키친 메뉴를 먹어준 두 소녀와 남편도 고맙습니다.

동숭동 수라재에서

김영빈

# C·O·N·T·E·N·T·S

## 1 달걀 with 라이스

## 2 달걀 with 누들

## 3 달걀 with 브레드

# 4 달걀 in Daily Cook

# 5 달�걀 in Specialday Cook

누군가에겐 날달걀
누군가에겐 반숙
누군가에겐 완숙
그래,
달걀은 항상 옳지!
음, 옳아.

우리 집 풀 투성이 밥상
달걀 프라이 하나
달걀찜 한 뚝배기
달걀 말이 한 접시
달걀 하나로
위로가 되는 밥상

달걀 탁!
프라이팬에 기름을 살살 두르고
촤르르르 풀썩
프라이 하나로 시작하는
가벼운 아침

아, 맛있다.
달걀!

# PART 0

만만한 달걀,
알고나 먹자!

## 세계인의 식탁을 책임지는 고마운 달걀

**달걀은 정말 완전식품일까?**

달걀에는 성장에 필요한 필수 아미노산은 물론 레시틴, 철분, 인, 비타민 A 등이 다량 함유되어 있어 완전식품으로 알려져 있다. 건강을 위해서는 하루에 체중의 10퍼센트에 해당하는 단백질을 섭취하는 것이 좋은데, 달걀의 경우 50~60그램이 성인 체중의 10퍼센트에 가까워 단백질 공급식품이라 할 수 있다. 단일 식품으로는 달걀이 가장 뛰어난 단백질 식품이다. 천연식품 중 필수 아미노산이 고루 들어 있는 우수 식품이지만 비타민 C가 거의 없고 무기질 중 인의 함량이 칼슘에 비해 지나치게 많아 균형이 잡히지 않기 때문에 완전한 영양식품이 되지는 못한다.

**달걀에는 어떤 성분이 들어있을까?**

달걀의 일반 성분을 보면 단백질 12.7퍼센트, 지방 12.1퍼센트, 무기질 1.2퍼센트 등이다. 노른자위에는 지방이 32.6퍼센트나 들어 있고 소화흡수가 잘 되어 98퍼센트의 소화율을 나타낸다. 또, 레시틴이 많아 간에 쌓이기 쉬운 지방을 제거해주기도 한다. 레시틴은 혈중 콜레스테롤 수치를 낮추어 주고 혈액순환을 돕고 기억력이나 학습능력에 관여하는 아세틸콜린을 만들어 낸다. 아세틸콜린은 성장기 아이들의 두뇌발달에 영향을 주며 나이가 들수록 합성능력이 떨어지므로 음식으로 섭취하는 것이 좋다. 콜레스테롤 때문에 노른자를 꺼리는 사람도 있지만 레시틴으로 인해 하루 1~2개 정도로 콜레스테롤 수치가 급격하게 올라가지는 않는다. 하지만 관련 질환자는 주의하여 먹는 것이 좋다. 그 밖에 달걀에는 비타민 A, D, E, B2가 풍부하며 무기질로는 철분이 많은 것이 장점이다.

### 달걀은 어떻게 구성되어 있을까?

달걀은 겉은 단단한 껍데기(난각)에 쌓여 있고 그 안에는 속껍질이 있으며, 속껍질 안은 난황(노른자), 농후 난백(젤리 같은 흰자), 수양 난백(물 같은 흰자)으로 구성되어 있다. 난황은 얇은 막으로 둘러싸여 양쪽 끝이 알끈으로 고정되어 있다. 각 구성 물질의 비율은 껍데기 11퍼센트, 난백 58퍼센트, 난황 31퍼센트이며 평균 중량은 48~60그램이다. 달걀은 중량에 따라 소란(43그램 이하), 중란(44~51그램), 대란(52~59그램), 특란(60~67그램), 왕란(68그램 이상)으로 나뉘어 판매되고 있다.

### 달걀마다 색깔이 다른 이유는 무엇일까?

갈색 달걀이 영양학적으로 더 뛰어나다는 인식이 퍼지면서 시중에서 흰색 달걀을 보기 힘들어졌으나 닭 깃털의 색이 다갈색이면 갈색 달걀을, 흰색에 가까우면 흰색 달걀을 낳을 뿐 이는 닭의 품종에 따른 차이이지 특정 영양소나 성분과는 관계가 없다.

### 무정란과 유정란의 차이는 무엇일까?

달걀은 닭의 사육 환경에 따라 무정란과 유정란으로 나뉜다. 무정란은 암탉의 난소에서 스스로 만들어진 달걀이고 유정란은 수탉과의 교미를 통해 생성된 것으로 병아리로 부화할 수 있다. 영양성분의 차이는 크지 않으나 유정란이 껍데기가 단단하고 비린 맛이 적으며 비타민 함량이 상대적으로 조금 높다. 유정란은 무정란에 비해 저장성이 떨어지므로 구입 후 냉장 보관한다.

# 장바구니를 채우는 국민 식재료
# 달걀, 어떻게 구입하고 보관할까?

### 비싼 달걀이 좋은 달걀일까?

좋은 환경에서 좋은 모이를 먹으며 자란 닭. 그 닭이 낳은 알이 당연히 좋은 달걀이겠지만 가격의 차이가 크다면 굳이 비싼 것을 살 필요는 없다. 환경보호 문제나 심리적인 안정을 떠나 영양학적으로 따졌을 때 특별한 종류보다는 신선한 것을 찾는 것이 더 낫다. 달걀은 껍데기가 까칠하고 햇빛에 비추었을 때 반투명하고 맑은 것일수록 신선하다.

오래된 달걀은 검은 그림자가 나타나 보인다. 또 흔들었을 때 소리가 나지 않고 크기에 비해 무거운 것이 싱싱하고, 난황 계수나 난백 계수로 싱싱함을 측정할 수 있다. 달걀을 깨뜨렸을 때 노른자나 흰자의 모양이 잘 살아있으면 아주 신선한 달걀이다. 한때 짙은 노른자의 색과 달걀의 신선도를 높이기 위해 닭에게 색소와 약품을 먹여 문제가 되기도 했다. 달걀을 물에 넣어보았을 때 가라앉으면 신선한 것이고 뜨는 것은 오래되어 수분을 잃은 것이므로 주의한다.

달걀은 보통 한 달 정도 보관이 가능하지만 가급적 최근에 산란된 것을 구입하는 것이 좋다. 1등급란이라고 표시된 포장 달걀은 청결과 모양, 내부 신선도가 72 이상으로 포장 달걀을 구입할 때는 등급을 확인하는 것이 좋다. 근래에 들어 '동물복지' 마크를 심심치 않게 볼 수 있는데 이 인증마크는 국가에서 정한 동물복지 기준에 맞는 조건에서 사육한 농장에 부여하는 마크로 조금 더 신뢰할 수 있는 구입 기준이 된다.

### 달걀 보관, 그냥 냉장고에 넣으면 끝일까?

세척한 달걀은 냉장 상태로 유통·보관되고, 세척하지 않은 달걀은 상온에서 유통·보관된다. 보관은 산란일로부터 실온에서는 1주일, 냉장

상태로는 3~4주일 가능하다. 달걀의 둥근 쪽에는 난각과 난막 사이의 공간인 '기실'이 있어 세균에 노출되기 쉽기 때문에 뽀족한 쪽이 아래를 향하게 하여 보관한다. 달걀이 지저분하다고 물로 씻으면 껍질의 보호막이 씻겨나가 오염 물질이 기공을 통해 안으로 흡수되어 변질되기 쉽다.

　　달걀은 냉장고 문쪽보다 안쪽에 넣어두는 것이 좋고, 냉장고에 이미 내장된 달걀 트레이가 아닌 밀폐용기에 따로 담아 보관할 때는 달걀을 쌓을 때 켜켜이 신문지나 키친타월을 깔아 안전하게 보관한다. 그리고 너무 낮은 온도에서 보관하면 오히려 빨리 상한다. 또, 달걀은 다공질이기 때문에 주위의 냄새를 잘 흡수하므로 냄새가 강한 식품과 함께 넣어두지 않는 것이 좋다.


유통기한이 끝나가는 달걀, 얼려도 괜찮을까?

　　달걀을 냉동실에 얼려 보관하면 2주일 정도 더 두고 먹을 수 있다. 달걀을 흔든 다음 세로로 세워 얼리면 노른자가 가운데에 위치하게 된다. 냉동 시 달걀이 팽창하면서 금이 가기 쉬워 내용물이 흐를 수 있으므로 지퍼락이나 밀폐용기에 넣어 냉동하는 것이 좋다. 달걀은 얼려도 영양소는 파괴되지 않기 때문에 안심하고 먹어도 된다. 얼린 달걀은 흐르는 물에 대고 껍데기를 벗기면 얼린 상태 그대로 모양이 유지되면서 잘 벗겨진다. 하지만 껍데기를 벗기면 금세 녹기 때문에 바로 사용하는 것이 좋다.

　　달걀을 얼리면 노른자의 맛은 농후해지고 더욱 부드러워진다. 또 흰자는 식감이 쫄깃해지면서 비린내도 조금 사라진다. 얼린 달걀은 가로로 3~4등분하여 프라이팬에 기름을 두른 뒤 그 모양대로 프라이하면 귀엽고 앙증맞은 미니어처 달걀 프라이가 된다.

삶은 달걀, 프라이, 수란, 스크램블에그 등 기본을 알면
고급스러운 달걀 요리도 뚝딱!

15 minutes

12 minutes

9 minutes

7 minutes

5 minutes 30 seconds

3 minutes

삶은

달걀

물 속에 퐁당 집어넣고 그저 팔팔 끓이기만 하면 삶은 달걀이 된다고 생각하지만
내 취향의 달걀을 만들기란 쉽지 않지요.

**재료**　달걀 적당량, 달걀이 충분히 잠길 정도의 물, 소금·식초 약간씩

**만들기**
1_ 달걀은 실온에 꺼내 두고 삶은 달걀을 식힐 얼음물이나 찬물을 준비한다.
2_ 냄비에 달걀이 잠길 정도의 물을 붓고 소금과 식초를 넣은 뒤 달걀을 12~13분 간 익힌다.
3_ 달걀을 꺼내 얼음물이나 찬물에 넣어 식힌다.

물이 끓기 시작할 때 달걀을 넣고 5분 30초~6분 정도 삶으면 노른자가 부드럽게 익은 온천달걀이 된다. 7~8분 정도 삶으면 노른자가 반숙이 되고, 9분 정도 삶으면 감동란이 된다.

서니사이드업sunny side up

스팀베스티드에그steam basted egg

**턴드오버**turned over

오버이지over easy

오버미디엄over medium

오버하드over hard

팬에 기름을 두르고 달걀을 톡 깨뜨려 차르르, 소금을 한 꼬집 솔솔 뿌리면 완성.
누군가는 세상에서 가장 성의 없는 요리가 달걀 프라이라고 하지만 그것은 잘못된 생각이에요.
달걀 프라이는 그 종류도 많고 생각보다 고도의 집중이 필요한 요리입니다.


  달걀 2개, 식용유 · 소금 · 후춧가루 약간씩

스팀베스티드에그는 물 2~3큰술


  1_  달군 팬에 식용유를 두르고 키친타월로 프라이팬에 고르게 발라준다.

2_  1의 프라이팬에 조심스럽게 달걀을 깨뜨려 넣고 노른자 옆 흰자가 1센티미터 정도 익으면 불을 끈다.

3_ 달걀 흰자가 익어가면 물을 2~3큰술 넣고 뚜껑을 덮어 1분간 익힌 뒤 뚜껑을
열고 소금과 후춧가루로 간한다.

4_ 2의 달걀을 한번 뒤집어 양면 모두 익힌다.

뚜껑을 닫기 전 프라이팬에 약간
의 물을 부어 수증기로 윗부분을
익히면 스팀베스티드에그가 된다.

달걀을 뒤집기 때문에 턴드오버
이고, 익힌 정도에 따라 오버이지,
오버미디엄, 오버하드로 나뉜다.

- 오버이지_ 한 쪽은 완전히, 다른 한 쪽은 살짝 익힌 달걀 프라이로 흰자는 익고 노른자는 살아있지
  만 노른자가 덜 익어 흘러내리고 안쪽의 흰자도 살짝 덜 익도록 굽는다.
- 오버미디엄_ 흰자는 모두 익고 노른자가 반 정도 익어 오버이지와 오버하드 사이이다.
- 오버하드_ 흰자와 노른자가 모두 익은 것이다.

# 수란 Poached egg

매끈하고 탱글탱글한 수란의 생명은 신선한 달걀입니다. 신선하지 않을수록 흰자의 바깥쪽은 흐물거리고 뜨거운 물에 넣었을 때 매끈하지 않아요. 껍질을 깨뜨린 달걀을 끓는 물에 넣어 만드는 수란은 브런치에 곁들여도 좋고 잼처럼 빵을 찍어 먹어도 맛있지요.

**재료**  신선한 달걀, 달걀이 잠길 정도의 물, 식초 약간

**만들기**

1_ 신선한 달걀을 준비한다.

2_ 냄비에 물을 끓인다. 깊이가 있고 바닥이 두꺼운 냄비를 선택한다.

3_ 물이 팔팔 끓기 시작하면 불의 세기를 줄이고 기포의 크기가 줄어들면 국자나 스푼으로 물 한가운데 회오리를 만든 후 달걀을 넣고 가만히 둔다.

4_ 수란은 보통 75~85도 정도에서 3분이면 완성된다. 눈으로 확인해서 흰자가 둥그렇고 하얗게 익으면 국자를 이용해 조심스럽게 꺼낸 뒤 모양을 손질한다.

매끈하고 탱글탱글한 흰자를 터뜨리면 주르륵 흐르는 녹진한 달걀 노른자의 맛이 매력적인 수란은 껍질 없이 노른자를 반숙으로 익힌 달걀 요리이다. 단순히 뜨거운 물에 달걀을 넣고 익혔을 뿐인데 샐러드나 파스타 위에 올려 노른자를 톡 터뜨리기만 해도 부드럽고 맛있는 색다른 소스가 된다.

# 스크램블에그

곱게 지단을 부치려다 실패하면 곧바로 삐뚤어질 테다, 막 휘저어 스크램블에그를 만들 때가 많지요. 몽글몽글하면서 크림처럼 부드러운 스크램블에그도 무조건 하는 게 아니라 다 방법이 있답니다.

**재료**  달걀 2개, 우유나 생크림 1/3컵, 버터 10g, 소금 · 후춧가루 약간씩

**만들기**

1_ 달걀과 우유(생크림), 소금, 후춧가루를 볼에 잘 넣어 섞은 뒤 프라이팬에 버터를 녹이고 달걀물을 부어 가장자리가 익을 때까지 둔다.

2_ 나무 젓가락이나 주걱을 이용해 가운데에서 바깥방향으로 잘 저어가며 익히고, 모양이 잡힌다 싶으면 그 상태에서 20초 정도 모양을 유지한 상태로 익혀 스크램블에그를 완성한다.

스크램블에그는 달걀만으로 몽글몽
글 만들어도 좋고 치즈나 베이컨,
연두부 등을 넣어 부들부들하게 먹
어도 좋다. 아이부터 어른까지 모두
좋아하는 훌륭한 브런치도 되고 근
사한 밥반찬이 된다.

스크램블에그는 브런치에 빠질 수 없는 메뉴이다. 달걀을 깨어 잘 휘저어서 프라이팬에 버터를 치고
달걀을 깨어 익는 대로 휘저으면서 볶는 것이다. 스크램블에그는 부드러움이 생명인데 달걀물을 붓
고 저을 때가 중요하다. 나무 젓가락을 사용하되 달걀이 살짝 익었을 때 재빨리 섞어 덜 익었을 때
불에서 내려야 몽글몽글 덩어리지면서 부드럽다.

# 오믈렛 이야기

옛날 스페인의 왕이 수행원과 시골길을 산책하던 중 배가 고파서 식사 준비를 하게 했다. 수행원은 근처 누추한 집으로 가서 왕의 식사를 준비하도록 했다. 그러면서 무엇이라도 좋으니 빨리 만들라고 독촉했다. 주방에 있던 남자는 얼른 달걀을 풀어 팬에 익힌 후 접시에 담아 왕에게 바쳤다.

왕은 그 남자의 동작을 보고 "Quel homme leste!(정말 재빠른 남자)"라고 말했다. 그 후 Hommelest(오믈레스트)가 Omelette으로 변했다. 그러나 라틴어의 Ovum(달걀)이란 뜻과 달걀구이(Ovemel)에서 왔다는 설도 있다.

# 오믈렛 Plain Omelette

반달 모양으로 굴리면서 접어 만드는 오믈렛은 어디로 튈지 모르는 럭비공처럼 생겼지요.
예쁜 모양으로 만들기가 여간 어려운 게 아니지만 요새는 오믈렛 팬이 따로 나와 있어
쉽게 만들 수 있답니다.

**재료**　　달걀 2개, 생크림 또는 우유 1/4컵, 소금 · 후춧가루 · 버터 약간씩

**만들기**
1_ 볼에 달걀을 깨뜨려 넣은 뒤 우유(생크림)와 소금, 후춧가루를 넣고 젓가락으로 잘 저어 곱게 푼다.
2_ 팬을 달군 뒤 약한 불로 줄이고 버터를 넉넉하게 넣어 녹인다.
3_ 팬에 달걀물을 붓고 젓가락으로 스크램블에그를 만들 듯 살살 휘젓는다.
4_ 팬을 기울여가며 달걀을 반달 모양으로 잘 말아올려 접는다. 이때 달걀이 너무 익으면 반달 모양이 잡히지 않으므로 팬과 불 사이에 거리를 둔다.
5_ 반달 모양으로 접은 뒤 밑면이 위로 오도록 뒤집고, 둥근면이 팬의 가장자리에 오도록 밀어 더 반듯한 럭비공 모양을 만든다.

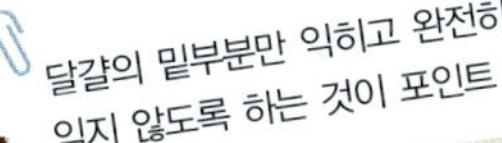

 소금은 팬에서 달걀이 살짝 익어갈 때 뿌린다. 소금을 미리 넣으면 달걀물이 덜 부드럽다. 또 우유 대신 물을 넣으면 야들야들한 식감이 극대화된다. 부드럽고 촉촉한 오믈렛을 만들려면 달걀을 풀어 체에 한 번 내려 사용해야 완성했을 때 겉면이 매끈하고 속은 부드러운 오믈렛이 된다.

# 초란

시큼새큼하지만 호로록 마시면 금방이라도 건강해질 것 같은 초란은
생각보다 시간이 많이 걸립니다. 그리스 의사 히포크라테스Hippocrates는 그의 저서에서
회복기의 환자에게 초란(醋卵)이 좋다고 기록하였답니다.

**재료**  달걀 적당량, 달걀이 잠길 정도의 식초

**만들기**
1_ 병이나 밀폐용기에 잘 씻은 달걀을 담고 양조식초를 붓는다.
2_ 5~6일 후에는 달걀 껍질이 식초에 녹아 부드러워지고 흰자가 삶은 달걀 반숙
   처럼 굳어지며 노른자는 변하지 않는다.
3_ 달걀의 얇은 껍질을 제거하면 달걀이 깨지는데 이를 보관한 뒤 먹는다.
4_ 노른자와 흰자를 섞어서 먹어도 좋고 물과 희석하여 먹어도 좋다.

 초란은 신맛이 강하므로 노른자와 흰자를 잘 섞어 꿀이나 또는 더운물로 묽게 해서 식사를 마치고
30분 후에 마시면 좋다. 피로가 심할 때 초란을 마시면 피로 회복이 빨라지며 동맥경화 예방, 고혈
압, 위하수, 간장염 등에 좋다고 알려져 있다.

# 구운 달걀

예전엔 달걀을 주로 삶아 먹었는데 지금은 다양한 방법으로 간식을 만들어 먹지요.
그 중 하나가 구운 달걀인데 활활 타오르는 불에 굽는 것도 아니고
생선 굽듯 석쇠에 굽는 것도 아니랍니다.

**재료**　달걀 10개, 물 1/2컵, 소금 · 식초 약간씩

**만들기**
1_ 냉장고에 있던 달걀은 실온에 1시간 정도 둔다.
2_ 식초물에 달걀을 넣어 깨끗이 씻는다.
3_ 내솥에 달걀, 물, 소금을 약간 넣고 찜기능으로 40분 정도 취사한다.
4_ 취사가 완료되면 다시 한 번 취사기능을 눌러 끝나면 먹기 시작한다.

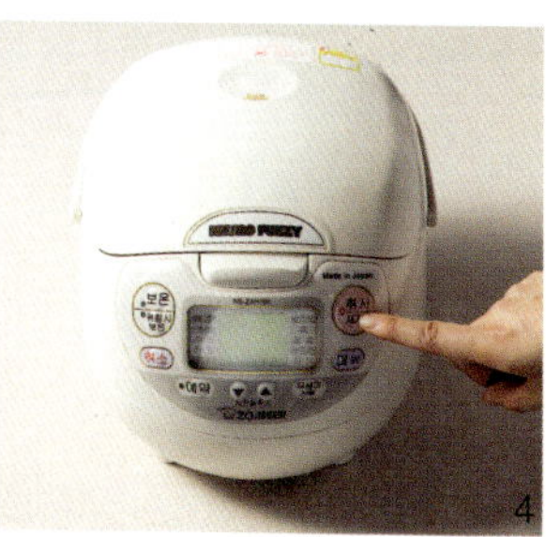

# 달걀로 만든 소스

흰자와 노른자를 분리해
노른자만 사용하는
마요네즈
홀란다이즈 소스
베어네이즈 소스

# 마요네즈

재료  달걀 노른자 4개, 식용유 200ml, 레몬즙 2작은술, 소금 1/2작은술, 흰 후춧가루 약간

만들기
1_ 달걀의 흰자와 노른자를 분리한 뒤 노른자를 실온에
30분 정도 두어 차갑지 않게 준비한다.
2_ 볼에 달걀 노른자, 레몬즙을 넣고
식용유를 조금씩 넣어가며 거품기로 저어준다.
3_ 농도가 나면 소금과 흰 후춧가루를 넣어 간을 맞춘다.

달걀이 차가우면 기름과 분리된다.

마요네즈를 만들 때 식용유를 조금씩 넣어야 분리되지 않고 유화가 잘된다.
식용유는 카놀라유, 포도씨유, 올리브유 등 기호에 맞게 바꾸어 사용해도 좋다.

# 홀란다이즈 소스

**재료**  달걀 노른자 2개, 버터 75g, 레몬즙 1작은술, 다진 마늘 · 소금 · 후춧가루 약간씩

**만들기**

1_ 버터가 말랑말랑해지도록 실온에 두었다가 냄비에 올려 중탕으로 가열해 녹인다.

2_ 물기가 없는 볼에 달걀 노른자를 넣고 곱게 푼다.

3_ 냄비에 물을 붓고 2의 볼을 올려 1의 녹인 버터를 조금씩 부어가며 걸쭉한 농도가 될 때까지 섞어준다.

4_ 농도가 나면 레몬즙, 다진 마늘, 소금, 후춧가루를 넣고 간을 맞춘다.

온도가 높으면 달걀이 익기 때문에 약한 불에서 기포가 4~5개 정도 올라올 때 그 위에 볼을 올린다.

홀란다이즈 소스는 본래 프랑스에 공물을 바치던 네덜란드(홀랜드)에서 유래되었다고 하여 붙인 이름이다. 홀란다이즈 소스는 버터 소스의 기본이 되는 것으로, 만드는 법이 까다로워 집중하며 만들어야 한다. 뜨겁게 서브되는 것이 특징이다.

# 베어네이즈 소스

달걀 노른자 2개, 버터 100g, 화이트와인 1/4컵, 화이트와인식초 1/4컵, 다진 샬롯(양파) 4큰술

타라곤 5g, 다진 타라곤 또는 파슬리 · 레몬즙 · 소금 · 후춧가루 약간씩

**만들기**

1_ 버터가 말랑말랑해지도록 실온에 두었다가 냄비에 올려
중탕으로 가열해 녹인다.

2_ 달걀은 노른자만 분리해 볼에 담아 둔다.

3_ 팬에 화이트와인, 화이트와인식초,
다진 샬롯, 타라곤을 넣고 조린다.

양이 1/2로 줄어들면 불을
끄고 식혀 둔다.

4_ 냄비에 물을 붓고 2의 볼을 올려 1의 녹인 버터를
조금씩 부어가며 걸쭉한 농도가 될 때까지 섞어준다.

온도가 높으면 달걀이 익
기 때문에 약한 불에서 기
포가 4~5개 정도 올라올
때 그 위에 볼을 올린다.

5_ 농도가 나면 레몬즙, 소금, 후춧가루를 넣어
간을 맞춘 뒤 다진 타라곤이나 파슬리를 섞어준다.

베어네이즈 소스는 정통 프랑스 소스로 식초, 와인, 타라곤, 샬롯을 넣어 조린 뒤 걸러 달걀 노른자를
넣고 중탕하여 반숙으로 익힌 다음 정제버터를 넣으면서 유화시켜 만든 소스이다. 홀란다이즈 소스
와 만드는 법은 유사하나 그 맛과 강도는 다르다. 홀란다이즈의 레몬즙 대신 베어네이즈 소스에는
와인, 식초, 샬롯, 후추, 타라곤을 넣어 조린 것이 맛의 베이스가 된다.

PART 1

달걀 with 라이스

대한민국 아이들의 대표 밥

# 달걀프라이버터간장비빔밥

어린 시절 한 번도 먹어보지 못한 아이는 있어도 한 번만 먹어 본 아이는 없는
대한민국 대표 '아이 밥'. 아무리 요리를 못하는 엄마도
달걀프라이와 버터 혹은 참기름이나 들기름 약간이면 후다닥 만들 수 있는 별미비빔밥입니다.
여기에 매운 불고기를 곁들이면 더욱 근사한 일품요리가 되지요.

**재료** 따뜻한 밥 2공기, 달걀 2개, 버터 1큰술, 식용유 · 흑임자 약간씩

**매운 불고기** 쇠고기 다짐육 100g, 고추장 1½큰술, 간장 1/2큰술, 설탕 2작은술, 올리고당 2작은술
다진 파 1큰술, 다진 마늘 1/2큰술, 깨소금 2작은술, 참기름 2작은술, 후춧가루 약간

**만들기**

1_ 쇠고기 다짐육과 나머지 양념을 조물조물 버무린 뒤 차가운 팬에서부터 달달 볶아 고슬고슬하게 볶는다.

2_ 달군 팬에 식용유를 두르고 달걀을 서니사이드업 상태로 부쳐준다.

3_ 그릇에 뜨거운 밥을 담고 버터를 올린 뒤 2의 달걀을 올리고 매운 불고기를 곁들여 흑임자를 뿌려 비벼 먹는다.

**Tip** 버터 대신 마가린이나 들기름, 참기름을 곁들여도 좋다. 매운 불고기를 만들기가 귀찮다면 간장 하나만 뿌려도 맛있고 매우 간편한 밥이다.

# 중화풍의 에그드롭국밥

물방울처럼 멍울멍울 덩어리진 달걀 수프로
수프만 먹어도 맛있고 밥을 넣어 먹으면 든든하고 부드러운 한 끼 요리가 되지요.

**재료**  달걀 2개, 녹말가루 2작은술, 팽이버섯 1/4개, 느타리버섯 1줌, 표고버섯 1개, 쪽파 2대
다시마물 4컵, 다진 대파 2작은술, 다진 마늘 1/2작은술, 국간장 1/2큰술, 따뜻한 밥 2그릇
식용유 · 소금 · 흰 후춧가루 · 참기름 약간씩

**만들기**

1. 달걀은 녹말가루와 소금, 흰 후춧가루를 섞어 곱게 푼 뒤 체에 받쳐 알끈을 제거한다.
2. 팽이버섯과 느타리버섯은 밑동을 제거한 뒤 가닥을 나누고 표고버섯은 기둥을 떼어낸 뒤 채 썰고 쪽파는 송송 썬다.
3. 깊은 팬을 달궈 식용유를 두르고 다진 마늘과 대파를 넣고 볶아 향을 낸 뒤 버섯을 넣어 볶는다.
4. 버섯의 숨이 죽으면 다시마물과 국간장을 넣고 끓인다.
5. 버섯이 부드럽게 익으면 1의 달걀을 부어 부드럽게 익힌다.
6. 달걀이 익으면 소금과 후춧가루로 간을 하고 따뜻한 밥에 부어 송송 썬 쪽파를 뿌려 낸다.

밥이 부담스럽다면 녹말가루의 양을 늘려 조금 더 걸쭉하게 끓인다.

# 삼색소보로완자주먹밥

소보로는 일본어 そぼろ(소보루)에서 유래한 말로 보슬보슬 엉클어진 모양을 말해요.
달걀의 흰자와 노른자만으로 이색주먹밥을 만들어도 예쁘지요.

**재료**  따뜻한 밥 2공기, 삶은 달걀 3개, 다진 쇠고기 50g, 소금·깨소금·참기름 약간씩

**쇠고기 양념**  간장 1작은술, 설탕 1/2작은술, 참기름 약간

**만들기**

1_ 볼에 밥을 담아 소금, 깨소금, 참기름을 넣어 간한 뒤 골고루 섞는다.

2_ 달걀은 완숙으로 삶아 노른자와 흰자를 분리해 식히고 각각 체에 내려 고운 가루로 만든다.

3_ 다진 쇠고기에 설탕을 넣어 연하게 한 뒤 간장과 참기름을 넣어 양념해 10분간 재워 달구지 않은 팬에서 뭉치지 않게 볶아 익힌다.

4_ 간한 밥을 한입 크기로 동그랗게 주먹밥을 만들고 각각의 고명을 묻혀 삼색의 주먹밥을 완성한다.

쇠고기 대신 김가루를 사용해도 좋다. 다진 오이나 당근에 밥을 굴려 내면 훨씬 더 다채로운 색을 낼 수 있고 다양한 식감을 느낄 수 있다.

# 일본식 달걀닭고기덮밥(오야코동)

오야는 부모, 코는 자식. 부모인 닭과 아들인 달걀이 어우러진 요리라는 뜻인데
닭고기와 달걀의 조화가 예사롭지 않지요. 일본식 달걀덮밥으로 간단하면서도 맛있어서
한 그릇 식사 메뉴로 적합합니다.

**재료**    따뜻한 밥 2공기, 닭다리살 2쪽, 달걀 2개, 양파 1/4개, 대파 1/6대, 쪽파 1줄기, 생표고버섯 1개
소금 · 후춧가루 · 식용유 약간씩

**조림장**    간장 2큰술, 설탕 1큰술, 다시마물 2/3컵, 청주 1큰술, 후춧가루 약간

**만들기**

1. 달걀은 알끈이 제거되게 가볍게 풀어 소금과 후추로 간을 하고 조림장은 섞어 둔다.
2. 양파와 대파는 채 썰고, 표고버섯은 기둥을 떼어 채 썰고 쪽파는 송송 썬다.
4. 닭다리살은 껍질을 벗겨 지방을 떼어 낸 다음 한입 크기로 잘라 소금과 후춧가루로 간한다.
5. 달군 팬에 식용유를 두르고 양파와 대파를 볶아 향을 낸 뒤 닭고기를 올려 노릇하게 굽는다.
6. 조림장을 5에 넣어 바글바글 끓어오르면 양파, 대파, 표고버섯을 넣고 채소의 숨이 죽을 때까지 끓인다.
7. 6에 1의 달걀로 원을 그려가며 붓고 뚜껑을 덮어 반숙으로 익힌 뒤 불을 끈다.
8. 그릇에 밥을 담고 7을 올린 다음 송송 썬 쪽파를 뿌린다.

질감이 부드러운 달걀을 원한다면 달걀을 완전히 익히지 않고 반 정도 익었을 때 바로 불을 끄는 것
이 좋다. 오야코동의 생명은 반숙으로 익힌 달걀에 있다.

# 중화풍의 부추달걀볶음밥

중국어로는 지우차이차오지단으로 알려진 이 요리는 중국 가정식 달걀요리입니다.
부드럽게 스크램블로 만들어 볶아 먹기도 하고 얄팍한 지단을 부쳐 잘라 내기도 합니다.
부추는 향이 나도록 송송 썰어 볶아주지요.

**재료**  밥 2공기, 달걀 2개, 부추 1/5줌, 굴소스 1½큰술, 통깨 · 소금 · 후춧가루 · 식용유 약간씩

**만들기**

1. 달걀은 약간의 소금을 넣어 잘 풀고 부추는 송송 썬다.
2. 달군 팬에 기름을 두르고 달걀을 넣은 다음 밑면이 살짝 익으면 젓가락을 이용해 스크램블에그를 만들어 그릇에 식혀준다.
3. 다시 팬을 달궈 식용유를 두르고 썰어놓은 부추를 넣어 부추 향이 나도록 충분히 볶은 뒤 밥을 넣어 고슬고슬하게 볶아준다.
4. 굴소스를 넣어 간을 한 뒤 미리 만들어 놓은 스크램블에그를 볶음밥에 넣고 다시 한 번 볶아 소금과 후춧가루로 간을 맞추고 통깨를 뿌려 낸다.

부추와 달걀을 함께 섞어서 만들기도 한다.

# 새우소보로달걀스크램블덮밥

달콤한 새우와 보드라운 스크램블을 곁들여 먹는 요리로
입맛 없고 요리하기 귀찮을 때 해 먹기에 간편하여 좋은 요리입니다.

**재료**  밥 2공기, 달걀 4개, 냉동 깐새우 6마리, 데리야키 소스 1½큰술

베이비채소 · 식용유 · 청주 · 소금 · 후춧가루 약간씩

**만들기**

1_ 달걀은 알끈을 제거한 후 소금, 후춧가루로 간하여 곱게 풀어 식용유를 두른 팬에 붓고 젓가락으로 휘저어가며 스크램블에그로 익힌다.

2_ 새우는 껍질과 내장을 제거하고 굵게 다진다.

3_ 다진 새우에 청주와 후춧가루를 뿌려 재운 뒤 팬에 식용유를 두르고 빠르게 저어가며 볶다가 데리야키 소스를 넣고 간이 배도록 좀 더 볶는다.

4_ 그릇에 밥을 나누어 담고 1의 달걀 스크램블, 3의 새우 소보로, 베이비채소를 담는다.

새우 대신 꽃게살이나 조갯살, 동태살 등을 이용할 수 있다.

# 자투리채소달걀찬밥전

요새 냉장고 털기나 냉장고 파먹기 같은 아이템들이 유행입니다.
먹다 남은 채소가 있을 때 찬밥과 함께 달걀을 입혀 전을 부치면 든든한 한 끼의 일품요리가 탄
생되지요. 간식으로도 손색 없는 요리입니다.

**재료**　밥 1공기, 자투리 채소 적당량(당근 1/8개, 양파 1/4개, 청피망 1/4개), 햄 50g, 식용유 적당량

**반죽 재료**　달걀 2개, 밀가루 1큰술, 소금·후춧가루 약간

**만들기**

1_ 당근, 양파 등의 자투리 채소와 햄은 곱게 다진다.

2_ 볼에 밥과 1의 다진 재료, 반죽 재료를 넣고 골고루 섞는다.

3_ 달군 팬에 식용유를 두르고 반죽을 한 숟가락씩 떠 넣고 모양을 잡아가며 중간
불에서 앞뒤로 노릇하게 구워준다.

자투리 채소와 햄은 기호에 맞게 바꾸어 사용해도 좋다.

# 달걀가득김밥 (경주교리김밥)

지방의 음식이 전국적으로 확대되기란 여간해서는 어려운 일인데
보드라운 달걀 지단이 가득 들어간 교리김밥은 마니아가 생길 정도로 유명하지요.

**재료**　따뜻한 밥 2공기, 달걀 2개, 당근 1/6개, 오이 1/3개, 김밥용 우엉 4줄, 김밥용 단무지 · 햄 2줄씩
김밥용 김 3장, 참기름 1작은술, 소금 · 통깨 약간씩

**만들기**

1_ 오이는 곱게 채 썰어 소금을 약간 뿌려 절이고, 당근은 얇게 채 썬 후 팬에 기름을 두르고 볶는다.
2_ 달걀은 소금을 약간 넣어 곱게 푼 뒤 달군 팬에 지단을 부친 후 얇게 채 썰고 김밥용 우엉도 곱게 채 썬다.
3_ 밥에 참기름과 소금, 통깨를 넣고 골고루 섞는다.
4_ 김밥용 김에 밥을 얇게 간 후 1과 우엉, 단무지, 햄을 올린다.
5_ 4에 2의 달걀 지단을 가득 올려서 돌돌 말아 한입 크기로 썬다.

달걀을 곱게 채 썰어야 김밥의 볼륨이 잘 살아난다.

# 달걀노른자장겨자잎비빔밥

달걀 노른자를 간장에 담가 퀵장아찌를 만들어 활용하는 비빔밥이지요.
채소는 기호에 맞게 활용해도 됩니다.

**재료**　달걀 노른자 6개, 간장 1/2컵, 청주 1/2컵, 다시마 5×5cm 1장, 따뜻한 밥 1그릇, 겨자잎 5장
참기름 · 깨소금 약간씩

**만들기**
1_ 간장과 청주를 동량으로 섞어 밀폐용기에 넣는다.
2_ 1에 달걀 노른자만 분리해 넣고 하룻밤 냉장고에서 숙성한다.
3_ 노른자를 조심히 뒤집어 하룻밤 더 숙성한다.
4_ 겨자잎은 먹기 좋은 크기로 뜯어 찬물에 담갔다 건진다.
5_ 따뜻한 밥을 대접에 담고 겨자잎을 한 켠에 담는다.
6_ 달걀노른자장을 올리고 참기름과 깨소금을 뿌려 낸다.

달걀노른자장은 짭조름해서 밥이나 빵을 곁들여 먹는 게 좋다. 채소를 곁들여 비비면 간단한 일품요
리를 만들 수 있다.

# 일본식달걀말이초밥

부드럽고 달콤한 일본식 달걀말이를 생선회 대신 올린 초밥으로
초밥전문점에 가면 먹을 수 있지요.
달걀말이만 잘 만들면 집에서도 간편하게 만들 수 있어요.

**재료**  밥 2공기, 달걀 2개, 청주 · 다시마물 1큰술씩, 간장 1작은술, 설탕 1작은술

소금 · 식용유 약간씩, 장식용 김 1장

**초밥 양념**  식초 3큰술, 설탕 1큰술, 소금 1작은술

**만들기**

1_ 볼에 달걀을 깨뜨려 곱게 푼 뒤 청주, 다시마물, 간장, 설탕, 소금을 넣고 고루
   섞은 뒤 체에 거른다.

2_ 분량의 초밥 양념을 섞어 우르르 끓여 식히고 김은 길게 잘라준다.

3_ 식용유를 약간 두른 팬을 키친타월로 닦아 달걀물을 붓고 돌돌 말아가며 익힌
   후 식혀 도톰하게 썬다.

4_ 따뜻한 밥에 잘 섞은 초밥 양념을 넣고 살살 섞는다.

5_ 손에 물을 묻힌 뒤 밥을 뭉친다.

6_ 밥 위에 2의 달걀말이를 올린 뒤 김을 둘러 완성한다.

달걀말이의 켜를 잘 살리는 것이 포인트인데 달걀이 60퍼센트 정도 익었을 때부터 돌돌 말기 시작하
면 달걀을 예쁜 모양으로 말 수 있다.

# 데리야키소스오므라이스

이것 저것 채소를 잘게 다진 볶음밥을 부드러운 달걀 지단으로
덮어 먹는 오므라이스는 냉장고에 자투리 채소가 많이 남았을 때 사용하면 좋아요.

**재료**  밥 2공기, 달걀 4개, 햄 50g, 당근 1/8개, 양파 1/4개, 토마토 케첩 2큰술, 우유 1/4컵

소금 · 후춧가루 · 식용유 · 다진 파슬리 약간씩

**데리야키 소스**  간장 3큰술, 다시마물 2큰술, 설탕 1큰술, 올리고당 1/2큰술, 청주 1큰술

**만들기**

1_  달걀은 곱게 풀어 우유, 소금, 후춧가루를 넣어 섞은 뒤 체에 내린다.

2_  햄, 당근, 양파는 잘게 깍둑썰기 한다.

3_  분량의 데리야키 소스 재료를 작은 팬에 넣고 바글바글 끓여둔다.

4_  달군 팬에 식용유를 둘러 햄, 당근, 양파를 넣고 볶다가 밥을 넣고 토마토 케첩,
후춧가루를 넣어 골고루 볶는다.

5_  달군 팬에 식용유를 두르고 1의 달걀물을 붓고 약한 불에서 젓가락으로 살짝 익
을 정도로 저어 주다가 3분의 2 정도 익힌 후 불을 끈다.

6_  가운데에 3의 볶음밥을 넣은 후 럭비공 모양이 되도록 모양을 잘 잡아주면서 감
싼다.

7_  준비된 그릇에 5를 뒤집어서 얹은 후 준비된 소스를 끼얹고 다진 파슬리를 뿌려
준다.

브로콜리를 데친 것이나 토마토를 곁들이면 든든한 한 끼 브런치가 된다.

# 달걀우유채소죽

몸이 아프거나 기력이 달릴 때는 죽 만한 것이 없지요.
부드럽게 익혀낸 죽에 달걀을 마직막에 두르면 고소한 맛과 영양이 배가 되어 좋아요.

**재료**  쌀 1/3컵, 달걀 1개, 당근 1/8개, 양파 1/6개, 부추 1/8줌, 물 3컵, 우유 1컵,
참기름 1/2큰술, 소금 약간

**간장양념**  간장 1큰술, 참기름 1/2큰술, 깨소금 1작은술, 송송 썬 쪽파 2작은술

**만들기**
1_ 쌀은 깨끗이 씻어 30분간 불린 후 체에 밭쳐 물기를 뺀다.
2_ 당근과 양파는 잘게 다지고 부추는 송송 썰고, 달걀은 소금을 약간 넣고 고루 푼다.
3_ 팬에 참기름을 두른 뒤 다진 당근과 양파를 넣고 볶다가 불린 쌀을 넣어 더 볶는다.
4_ 쌀이 투명해지기 시작하면 분량의 물을 넣고 눈지 않도록 저어가며 끓인다.
5_ 밥알이 충분히 퍼지면 우유를 붓고 끓여준다.
6_ 끈적한 농도가 나면 달걀 물을 냄비 가장자리 쪽으로 둘러 붓고 주걱으로 저어 섞은 뒤 부추를 섞어준다.
7_ 부추의 숨이 죽으면 그릇에 담고 간장 양념을 곁들여 낸다.

달걀을 미리 넣으면 고소한 맛이 없고 바닥에 눌러 붙으므로 거의 마지막에 넣도록 한다.

목 넘김이 부드러운

# 카르보나라리소토

부드러운 크림소스에 달걀의 부드러움까지 더한 리소토로
느긋한 주말의 브런치로도 좋습니다.
크림을 넣어서 클래식 카르보나라와는 약간 차이가 있지요.

**재료**  쌀 1컵, 달걀 2개, 시금치 5포기, 베이컨 1장, 양파 1/4개, 마늘 2쪽, 치킨스톡 1컵, 우유 1컵
생크림 1/2컵, 소금 · 후춧가루 · 올리브유 · 파르메산 치즈가루 약간씩

**만들기**
1_ 쌀은 씻은 뒤 체에 밭쳐 그대로 물기를 뺀다.
2_ 달걀은 소금, 후춧가루를 약간 넣어 가볍게 풀어준다.
3_ 시금치는 손질한 후 2센티미터 길이로 썰고 베이컨, 양파, 마늘은 다진다.
4_ 팬에 올리브유를 두르고 베이컨, 양파, 다진 마늘을 넣어 볶다가 1의 쌀을 넣고
   볶는다.
5_ 쌀알이 반쯤 투명해지면 치킨스톡과 우유를 2~3번에 나누어 넣고 끓여준다.
6_ 쌀알이 퍼지면 생크림, 시금치를 넣고 끓인다.
7_ 마지막으로 2의 달걀, 소금, 후춧가루를 넣고 가볍게 섞어 익힌 뒤 접시에 담고
   파르메산 치즈가루를 뿌린다.

스톡이 없다면 물을 사용해도 된다. 스톡과 우유를 고루 섞어 2~3번에 나누어 부어 주어야 쌀의 호
화가 잘 어우러진다.

# 달걀스팸마요덮밥

어린이와 유사한 입맛을 가진 어른들에게 어울리는 달걀 요리계의 스테디셀러예요.
달걀 스크램블을 하지 않고 서니사이드업 스타일로 익힌 뒤 곁들여 주어도 별미지요.

재료 따뜻한 밥 2공기, 달걀 2개, 스팸 1/2개, 마요네즈 2큰술, 식용유 적당량, 마른 김 1/2장

덮밥소스 채 썬 양파 1/4개, 간장 2큰술, 올리고당 1큰술, 다진 마늘 1작은술, 물 2큰술

만들기

1_ 달걀은 약간의 소금을 넣어 잘 풀고, 스팸은 사방 1센티미터 크기로 깍둑 썬다.

2_ 마른 김은 구워서 가늘게 자른다.

3_ 달군 팬에 식용유를 두르고 1의 달걀을 넣은 다음 밑면이 살짝 익으면 젓가락을 이용해 스크램블에그를 만들어 그릇에 식혀둔다. 마요네즈는 입구가 뾰족한 용기나 지퍼백에 담아둔다.

4_ 스팸은 기름을 두르지 않은 팬에 노릇하게 구워준다.

5_ 기름을 두른 팬에 양파를 볶다가 양파가 노릇해지면 나머지 소스 재료를 넣고 끓인다.

6_ 그릇에 밥, 소스, 달걀, 스팸, 자른 김 순으로 올리고 마요네즈를 뿌린다.

Tip 스팸 대신 닭고기나 돼지고기, 쇠고기의 불고기감 등을 사용해도 좋다. 또 자른 김 대신 김가루를 사용해도 무방하다.

PART 2

달걀 with 누들

# 수란비빔우동

부드럽고 탱글탱글하게 익은 수란을 톡 터뜨려
통통한 우동면과 비벼 먹는 요리로 상큼한 레몬 쯔유를 조금 짭짤하게 곁들여야
간이 잘 맞아요.

**재료**　생우동면 2봉지, 달걀 2개, 쪽파 3대, 오이 1/4개, 가쓰오부시 약간, 식초 1큰술, 소금 약간

**레몬 쯔유**　레몬즙 2큰술, 시판용 쯔유 3큰술, 다시마물 3큰술

**만들기**

1. 우동면은 끓는 물에 삶은 후 건져 찬물에 헹궈 물기를 뺀다.
2. 쪽파는 송송 썰고 오이는 곱게 채 썰고 달걀은 따로 깨 볼에 담아둔다.
3. 끓는 물을 넉넉하게 끓여 소금, 식초를 넣고 끓인다.
4. 끓는 물을 숟가락으로 저어 물결을 만든 뒤 달걀을 미끄러지듯 붓고 자연스럽게 떠오르도록 살살 저어주다가 익기 시작하면 그대로 두어 반숙으로 익혀 건진다(수란).
5. 그릇에 우동면을 담고 수란과 오이채를 올린 뒤 레몬 쯔유를 붓고 쪽파와 가쓰오부시를 올려 완성한다.

가쓰오부시 대신 부순 김을 올리고 곱게 채 썬 양파를 쪽파 대신 올려도 좋다.

# 마온천달걀가게소바

장국에 담가 먹는 메밀면을 '가게소바'라고 하고 장국을 따로 내어 찍어 먹는 면을 '자루소바'라고 합니다.
온천달걀은 흰자는 살짝 덜 익고 노른자는 젤리처럼 익은 부드러운 달걀로 쯔유에 담가 먹거나 밥이나 죽, 면과 곁들여 먹지요.

**재료** 　달걀 2개, 메밀소면 160g, 마 100g, 쪽파 2~3대, 김 1/2장, 고추냉이 약간

**냉장국** 　다시마 우린 물 4컵, 청주·간장 1/2컵씩, 설탕 1/3컵, 가다랑어포 10g

**만들기**

1_ 다시마 우린 물에 청주, 간장, 설탕을 넣고 끓이다가 가다랑어포를 넣고 2~3분간 더 끓인다. 체에 한 번 걸러 낸 뒤 냉동실에 차게 식힌다.

2_ 메밀소면은 끓은 물에 삶은 뒤 재빨리 얼음물에 헹궈 채반에 건져 물기를 뺀다.

3_ 마는 껍질을 벗겨 강판에 간다.

4_ 냄비에 달걀이 잠길 정도의 물을 넣고 팔팔 끓이면서 달걀을 넣고 바로 불을 끈 뒤 15분 정도 두었다가 건져내어 찬물에 5분 정도 담가 둔 뒤 껍질을 벗긴다.

5_ 쪽파와 김은 잘게 썰고, 고추냉이는 찬물에 잘 개어 놓는다.

6_ 메밀소면 타래를 그릇에 담고 마 간 것, 삶은 달걀, 잘게 썬 쪽파와 김, 고추냉이를 올린 뒤 냉장국을 부어 완성한다.

장국이 차가울수록 맛있으므로 먼저 장국을 미리 만들어 차게 식히는 작업을 하도록 한다. 온천달걀 만드는 것이 어렵다면 달걀을 넣고 물을 끓일 때 5분 30초 정도 끓인 뒤 바로 불을 꺼서 반숙 달걀을 만들어 올리기도 한다.

# 수란양배추베이컨수프

가끔 해장이 필요한 아침이 있지요.
간단한 재료에 달걀만 넣어 먹으면 속이 든든한 해장 수프가 만들어집니다.
토마토를 넣어도 좋아요.

**재료**
달걀 2개, 파르팔레 1½컵, 양배추 2장, 양파 1/6개, 셀러리 1/4대, 베이컨 2줄, 페퍼론치노 1개
치킨스톡 3컵, 소금 · 후춧가루 · 올리브유 약간씩

**만들기**

1_ 양배추와 양파, 셀러리는 깨끗하게 씻어 곱게 채 썰고 베이컨과 페퍼론치노는
   굵직하게 다진다.

2_ 냄비에 올리브유를 약간 두르고 1의 양파, 셀러리, 베이컨, 페퍼론치노를 넣고
   향이 나게 볶은 뒤 양배추를 넣고 노릇노릇하게 볶는다.

3_ 2에 치킨스톡을 부어 양배추가 부드럽게 익도록 끓인다.

4_ 끓는 물에 파스타면(파르팔레)과 소금을 넣고 7~8분 정도 삶아서 건진다.

5_ 2에 파스타면(파르팔레)을 넣고 우르르 끓인 뒤 달걀을 깨뜨려 넣고 노른자가
   살아 있을 정도의 반숙으로 익혀 소금과 후춧가루로 간을 맞추어 낸다.

치킨스톡을 조금 넉넉히 넣고 파스타면을 바로 넣어 끓이면 조금 더 걸쭉한 스타일의 수프를 만들
수 있어요.

# 달걀볶음쌀국수 (팟타이)

팟타이로 더 알려진 쌀국수의 팟은 '볶다' 라는 뜻이고 타이는 타일랜드를 뜻해요.
즉 태국의 볶은 요리라는 뜻으로 여러 가지 재료를 넣고 기호에 맞게 만들 수 있어요.

**재료**  달걀 2개, 쌀국수 170g, 숙주 75g, 냉동 깐새우 6마리, 말린 새우 1큰술, 양배추 1장, 양파 1/4개
팽이버섯 1/4줌, 다진 쪽파 · 다진 땅콩 · 식용유 약간씩

**양념**  피시소스 1큰술, 굴소스 1큰술, 설탕 2큰술, 레몬 혹은 라임즙 1큰술, 고추기름 2작은술
후춧가루 약간

**만들기**

1_ 쌀국수는 찬물에 담가 30분쯤 불린다.

2_ 양파와 양배추는 도톰하게 채 썰고, 숙주와 팽이버섯은 깨끗이 씻어 먹기 좋은
길이로 다듬는다.

3_ 분량의 재료를 섞어 양념을 만든다.

4_ 팬에 식용유를 두르고 말린 새우를 볶아 향을 낸 다음 곱게 푼 달걀을 부어 스
크램블을 만들어 덜어 낸다.

5_ 팬에 쌀국수, 새우, 양파, 양배추와 분량의 재료를 고루 섞은 양념을 넣고 센불
로 볶는다.

6_ 여기에 숙주, 팽이버섯, 스크램블에그를 재빨리 볶아낸 다음 쪽파와 땅콩을 뿌
린다.

스크램블에그를 따로 덜어 내는 이유는 고운 색깔을 유지하고 달걀이 질겨지는 것을 막기 위함이다.

# 달걀김치냄비우동

해장으로 좋은 달걀김치국에 통통한 우동면을 넣어 더욱 든든한 일품요리입니다.
뚝배기나 무쇠 냄비에 보글보글 끓여 먹는 재미가 있지요.

**재료**  달걀 2개, 배추김치 50g, 오징어 1/4마리, 새우 1마리, 대파 1/6대, 생우동면 2개, 소금 약간

**국물**  물 3컵, 다시마 5×5cm 1장, 가쓰오부시 5g

**만들기**

1_ 김치는 속을 털어내고 국물을 약간 짜낸 뒤 송송 썬다.

2_ 오징어는 내장을 제거하고 0.5센티미터 두께로 링썰기한다.

3_ 대파는 어슷하게 썰고 달걀은 볼에 풀어준다.

4_ 분량의 물에 다시마를 넣고 끓여 국물이 끓으면 가쓰오부시를 넣고 바로 불을 끈 후 10분 정도 두었다가 고운 체에 거른다.

5_ 4의 고운 체에 거른 국물을 뚝배기나 작은 냄비에 담고 배추김치와 오징어, 새우를 넣어 끓인다.

6_ 새우와 오징어가 익으면 우동과 대파를 넣고, 우동 면이 살짝 풀어지면 달걀물을 넣고, 달걀이 반 정도 익으면 소금으로 간을 맞춘 뒤 바로 불을 끈다.

달걀을 완전히 익히면 덜 부드럽기 때문에 반 정도 익었을 때 불을 끄는 것이 좋다. 여열로 충분히 익히면 되고, 우동 대신 라면을 사용해도 좋다.

# 에그드롭소면수프

부드럽고 몽글몽글한 달걀과 걸쭉한 국물이 술술 넘어가는 속이 든든한 수프입니다.
닭고기를 넣으면 든든하고, 해산물을 넣고 끓이면 시원하고 좋지요.

**재료**  달걀 2개, 달걀 흰자 2개 분량, 치킨스톡 4컵, 옥수수전분 1큰술, 다진 마늘 1/4작은술
참기름 1/2작은술, 캔옥수수 1/4컵, 소면 50g, 송송 썬 쪽파 · 소금 · 후추 약간씩

**만들기**

1. 냄비에 치킨스톡, 전분, 다진 마늘을 넣고 끓을 때까지 덩어리지지 않게 저어가며 끓인다.
2. 볼에 달걀을 잘 풀어 둔 뒤 1이 끓어오르면 달걀을 천천히 부어가며 잘 젓는다.
3. 달걀이 반 정도 익으면 잘게 부순 소면과 옥수수를 넣고 끓인다.
4. 소금과 후추로 간을 하고 참기름을 떨어뜨린 뒤 불을 끈다.
5. 그릇에 3을 부은 뒤 송송 썬 쪽파를 뿌려낸다.

깔끔한 맛을 원한다면 소면을 따로 끓여 소면 위에 에그드롭수프를 부어 내어도 좋다.

# 에그인헬숏파스타

에그 인 헬은 SNS를 타고 유행이 된 튀니지의 요리로
빨간 소스에 빠진 달걀이 지옥에 빠진 것과 같다고 해서 붙은 이름입니다.
한국에 밥도둑이 있다면 서양에는 빵도둑 요리가 있는데 에그인헬이 바로 그런 요리지요.

**재료**　달걀 3개, 숏파스타면(기호대로) 1컵, 토마토 소스 2컵, 양파 1/2개, 피망 1/4개, 소시지 3개
쇠고기 다짐육 1/2컵, 면수 1컵, 페퍼론치노 3개, 다진 마늘 1큰술, 모차렐라 치즈 1/2컵
올리브오일 1큰술, 소금 · 후추 · 다진 파슬리 약간씩

**만들기**

1_　소시지는 큼직하게 썰고 양파와 피망, 페퍼론치노를 굵직하게 다진다.

2_　끓는 물에 파스타면과 소금을 넣고 8~10분 정도 삶아서 건진다.

3_　팬에 올리브오일을 두르고 마늘과 양파, 페퍼론치노를 볶아 향을 낸다.

4_　향이 나면 피망과 소시지, 쇠고기 다짐육을 넣고 볶는다.

5_　3에 토마토 소스와 파스타면, 면수를 넣고 약불에서 끓인 뒤 후추로 간한다.

6_　4에 달걀을 깨뜨려 넣고 모차렐라 치즈를 뿌린 뒤 뚜껑을 덮어 익혀 파슬리를
　　뿌려낸다.

파스타를 직접 넣지 않고 곁들여 먹을 수도 있다. 토마토 소스는 시판용으로 기호에 맞는 맛을 골라
서 사용하면 된다. 면수는 면을 끓인 물을 말한다.

# 클래식 카르보나라

이태리어로 카르보는 석탄이라는 뜻으로 이탈리아 라치오 지방의 음식이지요.
원래 광부들이 먹던 요리로 광부들의 옷에 묻은 석탄가루가 떨어진 것을 보고
굵게 간 후춧가루로 표현하기 시작했다는 설이 있어요.

**재료**  달걀 1개, 달걀 노른자 1개, 파르메산 치즈가루 1/4컵, 베이컨 2줄, 마늘 2톨, 파스타면 60g
면수 2큰술, 소금 · 후추 · 다진 파슬리 약간씩

**만들기**

1_ 베이컨은 1센티미터 두께로 썰고 마늘은 굵직하게 다진다.

2_ 볼에 달걀과 달걀 노른자, 파르메산 치즈를 넣고 고루 섞는다.

3_ 끓는 물에 파스타와 소금을 넣고 8~10분 정도 삶아 건지고 면수는 1/2컵 정도 남겨둔다.

4_ 달군 팬에 베이컨을 넣고 노릇하게 익힌 뒤 마늘을 넣어 향을 낸다.

5_ 4에 삶아 둔 파스타면과 면수 2큰술을 넣은 뒤 덩어리지지 않도록 빠르게 섞고 소금과 후추로 간을 해 파슬리를 뿌려낸다.

클래식 카르보나라는 크림소스를 사용하지 않고 달걀과 치즈를 섞어 만들기 때문에 크림소스 카르
보나라보다 노랗고 덜 걸쭉한 편이다. 판체타나 양젖 치즈를 사용해야 하지만 시중에서 구하기 어려
우므로 베이컨과 파르메산 치즈를 사용한다.

# 서니사이드업 알리오올리오파스타

알리오 올리오는 마늘과 기름을 곁들였다는 이태리어로 은은한 마늘향과 심플한 맛으로 사랑받는 파스타입니다. 최상급의 올리브오일을 사용하는 것이 좋습니다.

**재료**  달걀 2개, 스파게티 60g, 마늘 3쪽, 페퍼론치노 3개, 올리브오일 2큰술, 면수 3큰술

소금 · 후추 · 식용유 · 파르메산 치즈가루 · 다진파슬리 약간씩

**만들기**

1_ 마늘은 슬라이스 하고 페퍼론치노는 굵게 다진다.

2_ 끓는 물에 스파게티와 소금을 넣고 8~10분 정도 삶아서 건진다.

3_ 달군 팬에 올리브오일을 두르고 마늘을 넣어 약한 불에서 노릇하게 볶는다.

4_ 마늘이 익으면 페퍼론치노를 넣고 매운 향이 나도록 볶은 뒤 프라이팬 가장자리로 밀어 낸다.

5_ 4의 남은 자리에 달걀을 하나 깨뜨려 넣고 나머지는 달걀 노른자만 조심스럽게 깨어 넣고 서니사이드업 형태로 익힌 뒤 덜어낸다.

6_ 5에 삶은 스파게티와 스파게티 삶은 물(면수) 3큰술을 넣고 센불로 볶는다.

7_ 면에 오일이 배면 소금, 후추, 파르메산 치즈가루를 뿌려 간을 맞추고 그릇에 담고 서니사이드업을 올리고 파슬리를 뿌린다.

매운 향이 밴 팬에 달걀을 익히면 면과 함께 먹을 때 풍미가 좋다. 서니사이드업이 귀찮다면 스크램블 형태로 만들어도 된다.

PART 3

달걀 with 브레드

# 클래식달걀사라다새싹샌드위치

일본을 통해서 서양문물을 받아들인 우리나라는 아직도 일본식 용어가 많이 사용됩니다.
사라다도 그 중 하나인데 샐러드의 일본식 발음이지요.
지금은 마요네즈와 큼직하게 썬 채소들을 버무린 채소샐러드를 부르는 이름으로 사용되지요.

**재료**  달걀 4개, 마요네즈 · 크림치즈 · 생크림 2큰술씩, 새싹채소 1/3컵, 곡물샌드위치 식빵 6장

소금 · 흰 후춧가루 약간씩

**만들기**

1_ 냄비에 찬물을 붓고 달걀을 넣어 8~10분 정도 삶아 찬물에 담가 식힌다.

2_ 1의 달걀은 껍데기를 벗겨 볼에 담고 마요네즈, 크림치즈, 생크림을 넣어 부드럽게 버무린 뒤 소금과 흰 후춧가루로 간을 맞춘다.

3_ 샌드위치 식빵은 테두리를 잘라 내고 직사각형 모양이 나오도록 2등분한다.

4_ 3의 식빵 한 장에 2를 도톰하게 깔고 그 위에 다시 식빵 한 장을 샌드한 뒤 양쪽 끝에 새싹채소를 살짝 찍듯이 눌러 붙인다.

달걀은 2/3정도의 반숙으로 익어야 부드럽게 으깨지면서 씹는 맛이 부드러진다.

# 달걀아보카도 모닝빵샌드위치

바쁜 아침에 들고다니며 먹을 수 있는 모닝빵에도 달걀을 넣으면 건강 궁합이 좋아집니다.
채소는 기호에 맞게 선택할 수 있어요.

**재료**  달걀 2개, 모닝빵 4개, 아보카도 1/4개, 토마토 1/2개, 양상추 1장, 치커리 4줄기, 마요네즈 1큰술
홀그레인 머스터드 2작은술

**만들기**

1_ 달걀은 찬물에 넣어 12~13분 정도 완숙으로 삶아 찬물에 식혀 껍데기를 깐 뒤
슬라이스 한다.

2_ 아보카도는 반으로 갈라 씨를 제거한 뒤 껍질을 제거하고 도톰하게 슬라이스
하고 토마토도 도톰하게 슬라이스 한다.

3_ 양상추와 치커리는 찬물에 담갔다 물기를 제거해 둔다.

4_ 볼에 마요네즈와 홀그레인 머스터드를 넣고 고루 섞는다.

5_ 모닝빵을 반으로 갈라 양쪽 단면에 4를 바르고 양상추, 토마토, 아보카도, 달걀,
치커리를 얹은 뒤 빵을 덮어 낸다.

소스는 기호에 맞게 바꾸어 사용해도 된다.

# 허브마요네즈달걀토스트

텔레비전 방송의 한 프로그램에서 어느 여배우가 소개해 알려진 토스트로
빵 속을 파낸 뒤 달걀을 넣어 익혀 먹는 아주 고전적이면서 간단한 방법입니다.
허브마요네즈를 사용하면 조금 덜 느끼하지요.

**재료**  달걀 1개, 식빵 2장, 슬라이스햄 1장, 설탕 · 소금 · 파슬리가루 약간씩

**허브마요네즈**  다진 바질 1/2작은술, 다진 파슬리 1/2작은술, 마요네즈 2큰술, 레몬즙 1작은술

소금 · 후춧가루 약간씩

**만들기**

1_ 식빵의 한쪽 면에 허브마요네즈를 얇게 바른 뒤 설탕을 뿌리고 슬라이스햄을
얹는다.

2_ 나머지 식빵 한 장 가운데에 동그랗게 구멍을 낸 뒤 1의 식빵 위에 올린다.

3_ 2의 식빵 가장자리에 나머지 마요네즈를 바르고 식빵 구멍에 달걀을 깨뜨려 넣
고 소금을 약간 뿌린다.

4_ 3을 190도로 예열한 오븐에 10~15분간 구운 뒤 파슬리가루를 뿌린다.

오븐이 없다면 바닥이 두꺼운 팬에 올리고 뚜껑을 덮은 뒤 달걀이 익을 정도로 구워 내면 오븐에 구
운 것처럼 된다.

# 에그시금치베네딕트

잉글리시 머핀을 살짝 반으로 구워 자른 후 햄이나 베이컨, 수란을 얹고 홀란다이즈 소스를 뿌린 미국식 샌드위치입니다. 패스트푸드점의 아침 식사나 브런치로 즐겨 먹는 요리이지요. 채소를 곁들여 건강 궁합을 생각했어요.

**재료**  달걀 1개, 잉글리시 머핀 1개, 베이컨 2장, 시금치 6줄기, 다진 마늘, 버터 · 식초 · 소금 약간씩

**홀란다이즈 소스**  버터 2큰술, 달걀 노른자 1개, 레몬주스 1큰술, 소금 · 후추 · 다진 파슬리  약간씩

## 만들기

1_ 작은 볼에 버터를 담고 냄비에 중탕으로 데워 녹인다.

2_ 달걀 노른자와 레몬주스를 섞고 녹인 버터를 조금씩 부어가며 섞은 뒤 소금, 후추, 다진 파슬리로 간을 맞춰 홀란다이즈 소스를 완성하고 따뜻하게 둔다.

3_ 냄비에 물을 끓여 기포가 올라오면 식초와 소금을 넣고 휘저어 소용돌이를 만든 뒤 달걀을 깨뜨려 넣고 3분간 그대로 익힌 다음 건져서 물기를 뺀다(수란).

4_ 달군 팬에 다진 마늘과 버터, 소금을 약간 넣고 손질한 시금치를 올려 재빨리 볶는다.

5_ 잉글리시 머핀을 반으로 갈라 마른 팬에 올려 약한 불에서 앞뒤로 굽는다.

6_ 베이컨도 마른 팬에 앞뒤로 굽고 종이타월에 올려 기름기를 뺀다.

7_ 구운 빵 위에 시금치, 베이컨 수란을 올리고 홀란다이즈 소스를 듬뿍 끼얹은 뒤 빵을 덮는다.

시금치 대신 동량의 루꼴라를 사용해도 좋다. 수란을 만들기 어렵다면 팬에 물을 바작하게 넣고 식초와 소금을 약간 떨어뜨린 뒤 달걀을 깨뜨려 물로 프라이 하듯이 익혀 내면 조금 더 편하다.

# 크림치즈에그크로스티니

크로스티니는 이탈리아어로 '작은 토스트' 라는 뜻입니다. 토스트 한 빵을 슬라이스 하여 올리브오일을 묻히는 것을 의미합니다.
도톰하게 썬 빵 위에 여러 가지 토핑을 올려 먹는 브루스케타나 카나페와 비슷하지요.

**재료**  달걀 2개, 슬라이스 바게트 8조각, 미니 아스파라거스 12줄기, 크림치즈 2큰술
올리브오일 2작은술, 소금 · 후추 약간씩

**만들기**

1_ 바게트는 마른 팬에 노릇하게 구워 올리브오일을 얇게 바른다.

2_ 달걀은 8~9분 정도 반숙으로 삶아 찬물에 담갔다가 껍데기를 벗기고 굵직하게 다진다.

3_ 아스파라거스는 질긴 심과 비늘을 벗기고 끓는 물에 데쳐 굵직하게 다진다.

4_ 볼에 달걀, 크림치즈, 아스파라거스를 넣고 소금과 후추로 간한 뒤 올리브오일을 얇게 바른 바게트에 듬뿍 얹어 낸다.

바게트를 바삭하게 구워야 버무린 재료를 올려도 쉽게 눅눅해지지 않는다. 달걀은 반숙으로 익혀야 부드럽게 으깨지고 풍미가 좋다. 기호에 따라 엑스트라 버진 올리브유를 한 방울 떨어뜨려 먹어도 좋다.

# 몬테크리스토 샌드위치

캐주얼레스토랑의 칼로리 폭발 메뉴로 여러 겹의 샌드위치를 달걀물에 푹 담가 만듭니다.
크로크 무슈와 유사한 미국식 햄&치즈 샌드위치로 햄과 치즈를 넣은 빵에 달걀 옷을 입혀 굽는다는 점이 다릅니다.
여러 사람과 나누어 먹거나 함께 먹는 브런치 메뉴로 좋습니다.

**재료**  달걀 1개, 식빵 3장, 닭가슴살 2쪽, 슬라이스햄 2장, 슬라이스치즈 2장
머스터드 · 식용유 · 소금 · 후추 · 다진 파슬리 · 올리브오일 약간씩

**만들기**

1_ 닭가슴살을 반으로 저며 소금, 후추, 다진 파슬리를 뿌리고 10분 정도 재워 밑간 한 뒤 달군 팬에 올리브오일을 두르고 앞뒤로 노릇하게 굽는다.

2_ 식빵은 단단한 가장자리 부분을 모두 잘라 내고 한쪽 면에 머스터드를 펴바르고 1장은 양쪽 모두 바른다.

3_ 빵 위에 구운 닭가슴살, 햄, 치즈를 올리고 머스터드를 양쪽 모두 바른 빵을 올린 다음 구운 닭가슴살, 햄, 치즈를 올린 뒤 나머지 빵으로 덮는다.

4_ 3을 손으로 꾹 눌러 두께를 줄인 다음 달걀을 곱게 풀어 골고루 입힌다.

5_ 달군 팬에 식용유를 두르고 달걀물 입힌 샌드위치를 올려 앞뒤로 노릇하게 굽는다.

머스터드 대신 딸기잼을 발라 만들기도 하는데 기호에 따라 선택한다. 감자튀김을 곁들여 내면 훨씬 풍성하다.

# 버섯스크램블포켓프렌치토스트

달걀과 식빵만 있다면 천하무적 아침 메뉴나 간식 메뉴를 만들 수 있지요.
버섯과 달걀로 소를 만들고 살짝 눌러 주면 투고(to go)가 가능한 근사한 샌드위치를 만들 수
있어요.

**재료**  달걀 3개, 우유 1/2컵, 식빵 6장, 표고버섯 2개, 느타리버섯 50g, 베이컨 2줄, 양파 1/6개
버터 1큰술, 소금 · 후추 · 식용유 약간씩

**만들기**
1_ 표고버섯은 모양대로 슬라이스 하고 느타리는 밑동을 자른 뒤 가닥가닥 나누고
베이컨과 양파는 곱게 채 썰어 둔다.
2_ 볼에 달걀과 우유를 넣고 잘 풀어 소금으로 간한다.
3_ 달군 팬에 식용유를 두른 뒤 1을 넣고 소금과 후추로 간한 뒤 물기 없게 달달 볶
아 식힌다.
4_ 2의 달걀물의 2분의 1을 3에 넣고 스크램블에그를 만든다.
5_ 빵에 3과 4를 넣고 빵으로 덮은 뒤 틀로 찍어 낸다.
6_ 틀로 찍은 빵을 남은 달걀물에 적셔 버터 녹인 달군 팬에 올려 앞뒤로 노릇하게
구워낸다.

베이컨 대신 소시지나 햄을 이용해도 좋다. 식빵은 촉촉한 것이어야 접착이 잘 된다.

# 에그베이컨파니니

파니니는 이태리어로 작은 빵을 뜻하는데 지금은 납작한 치아바타나 식빵을 이용해
납작하게 누른 따뜻한 샌드위치를 칭합니다.
속은 여러 가지 재료로 바꾸어 사용할 수 있어요.

**재료**  달걀 2개, 치아바타 1개, 베이컨 3줄, 모차렐라 치즈 1/2컵, 토마토 1개, 바질페스토 1작은술
소금 · 후추 · 식용유 약간씩

**만들기**
1_ 토마토는 슬라이드를 한 후 물기를 제거한다.
2_ 달군 팬에 식용유를 두르고 달걀을 깨뜨려 소금과 후추로 간한 뒤 앞뒤로 노릇
하게 프라이한다.
3_ 달걀을 구워낸 팬에 베이컨을 올려 앞뒤로 노릇하게 구운 뒤 키친타월로 기름
기를 제거해 둔다.
4_ 치아바타를 반으로 갈라 바질페스토를 바르고 베이컨, 달걀, 토마토, 치즈 순으
로 쌓아 빵으로 덮는다.
5_ 4를 아무것도 두르지 않은 팬에 굽거나 파니니 그릴로 눌러낸다.

달걀 프라이가 부담스럽다면 반숙이나 완숙 달걀을 사용해도 좋다.

# 크로크마담

크로크마담은 프랑스 광부들이 식은 빵을 데워 먹던 방법으로
달걀 프라이를 올린 모양이 그 시절 부인들이 쓰던 모자 모양과 비슷해 붙인 이름입니다.
원래는 달걀 프라이를 올리지만 여기서는 달걀 깨뜨려 올린 상태로 오븐에서 익혔어요.

**재료**  달걀 1개, 식빵 3장, 슬라이스햄 1장, 슬라이스치즈 1장, 파르메산 치즈가루 2큰술
모차렐라 치즈 1/2컵, 베샤멜 소스 3큰술, 다진 파슬리 약간

**만들기**
1_ 식빵 한쪽 면에 베샤멜소스를 고루 바른 뒤 식빵, 햄, 식빵, 치즈, 식빵 순으로 덮는다.
2_ 파르메산 치즈와 모차렐라 치즈, 남은 베샤멜 소스를 섞는다.
3_ 덮은 식빵 윗면의 가운데를 비우고 가장자리에 2를 도톰하게 바른다.
4_ 3의 빵 가운데 달걀을 깨뜨려 넣고 다진 파슬리를 뿌린다.
5_ 4를 180도 오븐에서 10분 정도 구워 낸다.

토스트를 따뜻하게 데운 뒤 서니사이드업 프라이를 올려 내도 좋다.

# 식빵에그컵

식빵을 타르트틀처럼 이용해 달걀빵을 만들어 먹는 요리로 출출할 때 간식으로 좋아요.
모닝빵의 속을 파고 만들 수도 있습니다.

**재료**  달걀 6개, 식빵 6장, 슬라이스햄 2장, 양파 1/4개, 모차렐라 치즈 1/2컵

소금 · 후추 · 다진 파슬리 약간씩

**만들기**

1_ 슬라이스햄과 양파는 굵직하게 다진다.

2_ 식빵은 가장자리를 잘라 내고 밀대로 밀어 얇게 편다.

3_ 머핀틀에 2를 넣어 컵 모양을 만든다.

4_ 3에 햄, 양파, 치즈를 약간 넣은 뒤 달걀을 넣고 소금과 후추로 간한 뒤 햄, 양파, 치즈를 다시 한 번 올린다.

5_ 180도 예열된 오븐에 넣고 20~25분 정도 구워낸 뒤 다진 파슬리를 뿌려 낸다.

 식빵은 갓 나온 촉촉한 것으로 만들어야 모양이 잘 만들어진다.

# 수란칠리토스트

복잡한 요리를 하기 귀찮을 때는 수란이나 프라이만 해서 빵 위에 올려도 근사한 요리가 됩니다. 수란은 신선한 달걀로 몇 번만 연습하면 잘 만들 수 있어요.

**재료**　달걀 1개, 시골빵 슬라이스 1장, 프랑크소시지 긴 것 1개, 베이비 채소 약간, 칠리소스 2큰술
소금 · 식초 · 버터 약간씩

**만들기**

1_ 냄비에 물을 끓여 기포가 올라오면 식초와 소금을 넣고 휘저어 소용돌이를 만든 뒤 달걀을 깨뜨려 넣고 3분간 그대로 익힌 다음 건져서 물기를 뺀다.

2_ 달군 팬에 버터를 녹인 뒤 시골빵을 앞뒤로 노릇하게 구워 칠리소스를 넉넉하게 바른다.

3_ 식빵 구운 팬에 칼질을 넣은 프랑크 소시지를 올려 앞뒤로 노릇하게 굽는다.

4_ 접시에 식빵을 담고 수란을 얹은 뒤 소시지와 베이비채소를 곁들여 먹는다.

**Tip**　칠리 소스 대신 머스터드 소스나 토마토 소스를 발라도 괜찮다. 소시지 대신 베이컨이나 햄을 곁들이면 색다르다.

# 우에보스란체로스 (멕시칸에그프라이)

우에보스란체로는 '농장지기의 달걀'이라는 뜻으로 우에보는 '달걀', 란체로는 '농장지기'입니다. 토르티야에 달걀과 토마토 살사를 기본으로 하는데 예전에 멕시코 농장 일꾼들이 일찍 일어나 새벽부터 일했기 때문에 10시경에 늦은 아침으로 먹었던 요리입니다.

**재료**  달걀 1개, 옥수수 토르티야 1장, 아보카도 1/3개, 소금 · 후추 · 식용유 약간씩

**토마토 살사**  다진 토마토 3큰술, 다진 양파 1½큰술, 다진 청양고추 1큰술, 다진 블랙 올리브 2작은술

핫소스 2작은술, 올리브유 2큰술, 레몬즙 2큰술, 소금 1/3작은술

**만들기**

1_ 토르티야는 아무것도 두르지 않은 팬에 앞뒤로 살짝 굽는다.

2_ 아보카도는 씨를 제거하고 껍질을 벗긴 뒤 얇게 슬라이스 한다.

3_ 달군 팬에 식용유를 두르고 달걀을 깨뜨려 서니사이드업로 익힌다.

4_ 볼에 분량의 토마토 살사 재료를 모두 넣고 고루 섞는다.

5_ 토르티야 위에 아보카도를 올리고 3의 달걀을 올린 뒤 토마토 살사를 곁들여 먹는다.

기호나 냉장고 사정에 따라 소시지나 햄, 옥수수 등을 곁들여 먹어도 좋다.

PART 4

달걀 in
Dairy Cook

# 온천달걀(온센다마고)

부드러운 맛이 일품인 온천달걀은 온천의 물이나 증기를 이용해 익힌 달걀을 말해요.
70도 정도의 따뜻한 물에서 은은하게 익힌 달걀인데
물의 양과 온도, 익히는 시간만 잘 맞추면 집에서도 쉽게 만들 수 있어요.
짭조름한 소스와 함께 먹거나 덮밥 등에 올려 먹어도 좋아요.

| | |
|---|---|
| **재료** | 달걀 2개, 물 5컵, 소금 약간 |
| **소스** | 쯔유 2큰술, 다시마물 4큰술, 설탕 1작은술 |
| **고명** | 송송 썬 쪽파 1대, 잘게 자른 김 약간 |

**만들기**

1_ 달걀은 상온에 30분 이상 꺼내어 준비한다.

2_ 볼에 분량의 소스 재료를 넣고 잘 섞어준다.

3_ 냄비에 달걀이 잠길 정도의 물과 소금을 넣고 팔팔 끓인다.

4_ 3에 달걀을 넣고 5분 정도 두었다가 바로 꺼내 찬물이나 얼음물에 5분 정도 담갔다가 껍데기를 벗긴다.

5_ 4를 작은 그릇에 담고 소스를 뿌린 뒤 쪽파와 김을 뿌려 완성한다.

냉장고에 보관한 차가운 달걀을 바로 사용하면 온도 차로 인해 달걀이 깨지기 쉽다. 기다리는 시간이 번거롭다면 달걀을 넣고 5분 30초 정도 익힌 뒤 바로 불을 끄고 찬물에 담가 껍질을 벗기면 된다.

# 스파이시달걀커리

달걀을 커리에 넣고 조려 만든 별미일품요리지요. 인스턴트 커리 대신 시판 커리페이스트를 이용하면 조금 더 이국적인 맛을 낼 수 있어요.

**재료**  삶은 달걀(완숙) 4개, 양파 1개, 토마토 1개, 다진 마늘 1큰술, 다진 생강 1/2작은술, 식용유 1큰술
옐로 커리 페이스트 5큰술, 물 1½컵, 토마토 페이스트 1큰술, 코코넛밀크 1/2컵
커민 · 강황 가루 · 소금 약간씩

**만들기**
1_ 달걀은 완숙으로 삶아 껍질을 까서 준비한다.
2_ 양파와 토마토는 잘게 다진다.
3_ 옐로 커리 페이스트에 물을 넣어 섞어 둔다.
4_ 팬에 식용유를 두르고 다진 양파, 마늘, 생강을 넣고 볶는다.
5_ 양파가 반쯤 투명해지면 다진 토마토와 토마토 페이스트, 3의 커리물을 넣고 끓여준다.
6_ 커리가 걸쭉해지면 코코넛밀크, 커민 가루, 강황 가루를 넣고 잘 섞는다.
7_ 6에 1의 달걀을 넣고 간이 배어들도록 끓인 뒤 부족한 간은 소금으로 맞춘 뒤 난이나 밥을 곁들여 먹는다.

코코넛밀크가 없다면 우유나 생크림으로 대체할 수 있다. 커민 가루와 강황 가루는 인스턴트 커리파우더로 대체해도 된다.

# 짜춘권

짜춘권은 중국식 달걀말이로 달걀 지단 안에 고기, 해산물, 채소를 넣은 뒤 돌돌 말아서 만든 요리입니다. 바삭하고 고소한 껍질과 부드러운 속이 어우러진 아름답고 화려한 음식이지요.

**재료**  달걀 3개. 돼지고기 안심 30g, 냉동 깐 새우 5마리, 부추 30g, 생표고버섯 1개, 양파 1/4개

다진 마늘 1작은술, 굴소스 1큰술, 물전분(전분 1큰술+물 2큰술), 식용유 적당량

**밀가루풀**  밀가루 2큰술, 물 3큰술

**만들기**

1_ 달걀에 물전분을 넣고 잘 풀어준 뒤 체에 내려 준비한다.

2_ 볼에 분량의 밀가루풀 재료를 넣고 잘 섞어준다.

3_ 부추는 다듬어 씻어 물기를 제거한 뒤 5센티미터 길이로 썰고, 표고버섯과 양파는 곱게 채 썬다.

4_ 돼지고기는 채 썰고 새우는 껍질과 내장을 제거하여 끓는 물에 데친 뒤 반으로 가른다.

5_ 팬에 식용유를 두르고 다진 마늘을 넣어 볶다가 향이 나면 돼지고기를 넣고 볶은 뒤 4의 새우, 부추를 제외한 3의 채소를 넣고 볶는다.

6_ 5에 부추를 넣고 부추의 숨이 죽으면 굴소스와 후춧가루로 간을 한 다음 넓은 접시에 펼쳐 식힌다.

7_ 팬에 기름을 두르고 여분의 기름을 키친타월로 닦아 낸 뒤 1의 달걀 물을 넣어 둥글고 얇게 지단을 부친다.

8_ 1의 지단에 6의 속재료를 넣고 가장자리에 밀가루 풀을 바른 뒤 돌돌 만다.

9_ 깊은 팬에 식용유를 넉넉히 붓고 중불에서 노릇하게 튀기듯 구워 먹기 좋은 크기로 썬다.

달걀지단에 잡채를 넣고 돌돌 만 형태로 속재료는 기호에 따라 바꾸어도 된다. 마지막에 구울 때는 넉넉한 식용유에 재빨리 튀기듯 구워야 타지 않고 달걀의 색을 유지할 수 있다.

# 유부달걀조림

부드러운 유부 속에 달걀을 깨뜨려 넣고 달콤 짭조름하게 조려낸 요리로 밑반찬이나 별미 반찬으로 좋습니다.

**재료**  유부 4장, 달걀 4개, 이쑤시개 또는 꼬치 8개

**조림장**  물 1컵, 간장 2큰술, 설탕 1큰술, 올리고당 1큰술, 청주 2작은술, 마른 고추 1개. 마늘 4쪽

**만들기**

1_ 유부는 끓는 물에 데쳐서 기름기를 빼고 한쪽을 잘라 주머니를 만든다.

2_ 볼에 달걀을 1개씩 깨뜨려 유부주머니에 넣은 후 꼬치를 이용해 달걀이 새지 않도록 한다.

3_ 마른 고추는 1센티미터 길이로 썰어 씨를 털어내고 마늘은 편으로 썬다.

4_ 분량의 조림장 재료를 섞어 냄비에 넣고 끓이다가 끓어오르면 2의 유부를 넣어 익힌다.

5_ 국물이 거의 졸아들면 유부의 꼬치를 뺀 다음 접시에 담는다.

모양을 잡기 어렵다면 달걀을 삶아 익혀서 넣는 방법도 있지만 그렇게 하면 간이 조금 덜 배어 든다.

# 달걀샐러드(사라다)

샐러드에 달걀을 곁들이면 단백질이 보충되어 영양 궁합도 좋지만 노오란 속살 때문에 더욱 먹음직스러워 보이지요. 달걀을 살짝 덜 삶아야 부드럽게 먹을 수 있어요.

**재료**  달걀 5개, 감자 큰 것 1개, 사과 1/2개, 시금치 5포기, 오이 1/4개, 빨간 파프리카 1/4개

마요네즈 5큰술, 홀그레인 머스터드 1/2큰술, 올리고당 2큰술, 레몬즙 2작은술

소금 · 후춧가루 약간

**만들기**

1_ 냄비에 찬물을 붓고 소금을 약간 넣은 뒤 달걀을 넣고 중간불에 올려 10~11분간 삶은 뒤 찬물에 재빨리 식혀 껍질을 벗겨 굵게 다진다.

2_ 감자는 감자가 잠길 정도의 물을 부어 20분간 찐 후 뜨거울 때 껍질을 벗기고 한입 크기로 깍둑 썬다.

3_ 사과도 감자 크기로 썰고 시금치는 끓는 물에 데쳐 흐르는 물에 헹군 후 물기를 짜고 2센티미터 길이로 썬다.

4_ 파프리카는 사과보다 약간 작게 썰고 오이는 얇게 썰어 소금을 약간 뿌려 10분 정도 절인 다음 손으로 물기를 꼭 짠다.

5_ 볼에 모든 재료를 담고 마요네즈, 홀그레인 머스터드, 올리고당, 후춧가루를 넣고 고루 버무린 다음 소금으로 간을 맞춘다.

세상에서 가장 쉬운 국

# 달걀대팟국

요리를 전혀 못해도 만들기 쉬운 기본적인 국이지요. 간의 세기만 조절하면 남녀노소 누구나 먹을 수 있어 더욱 좋아요.

재료 달걀 2개, 대파 1/2대, 다시마 국물 3컵, 국간장 1큰술, 소금 · 흰 후춧가루 약간씩

만들기

1_ 볼에 달걀을 곱게 푼 뒤 소금, 흰 후춧가루로 간을 한다.

2_ 대파는 4센티미터 길이로 굵직하게 채썬다.

3_ 냄비에 다시마 국물을 붓고 국간장을 넣어 끓인다.

4_ 국물이 끓어오르면 중불로 줄인 뒤 1의 달걀물과 2의 대파를 섞어 붓는다.

5_ 4의 국물이 다시 우르르 끓어오르면 소금과 후춧가루로 간을 한 뒤 한소끔 더 끓인다.

Tip 국간장 대신 새우젓 국물을 넣고 끓이면 소화도 잘되고 좋다.

# 배추달걀탕

달걀대팟국을 마스터 했다면 시원 달큼한 배추와 부드러운 달걀로 끓인 배추달걀탕도 쉽게 끓일 수 있습니다.

**재료**  달걀 2개, 배추잎 2줄기, 대파 1/5대, 다시마물 3컵, 새우젓 국물 2작은술, 소금·흰 후춧가루 약간

**만들기**

1_ 배추는 잘 씻어 섬유질 반대방향으로 곱게 썰고 대파는 어슷썬다.

2_ 볼에 달걀을 풀어 고루 저어 소금과 흰 후춧가루로 살짝 간을 한다.

3_ 냄비에 다시마물을 넣은 뒤 새우젓 국물을 넣고 한 소끔 끓인다.

4_ 3에 배추를 넣고 한 소끔 끓인 뒤 중불로 줄여 달걀물을 풀어 넣는다.

5_ 달걀이 반 정도 익으면 대파를 넣어 한소끔 끓인 뒤 소금과 흰 후춧가루로 간을 맞추어 낸다.

배추가 부드럽게 익은 뒤 달걀을 넣어야 달걀이 퍽퍽하지 않다.

속풀이로 이만한 게 있나요?

# 달걀북엇국

해장하면 떠오르는 대표적인 해독 요리이지요. 시원하고 부드러운 맛에 주당들이나 컨디션 안 좋은 사람들의 사랑받는 스테디셀러입니다.

재료 북어포 1줌, 달걀 2개, 대파 1/3대, 양파 1/6개, 다시마물 3컵, 다진 마늘 1/2작은술
참기름 1큰술, 새우젓 1/2큰술, 국간장 1작은술, 소금 · 후춧가루 약간

만들기

1_ 북어는 흐르는 물에 재빨리 씻어 잠깐 두었다가 불린 뒤 가시를 제거하여 잘게 찢고 물기를 짜낸다.
2_ 1의 북어에 새우젓 다진 것과 다진 마늘, 참기름을 넣고 조물조물 버무린다.
3_ 볼에 달걀을 넣고 고루 풀고 국간장을 약간 넣는다.
4_ 대파는 어슷썰기하고 양파는 굵직하게 채 썬다.
5_ 냄비에 2의 북어와 양파채를 넣고 달달 볶아 익힌 뒤 다시마물을 부어 한소끔 끓인다.
6_ 중불로 줄이고 달걀물을 부어 젓지 말고 익힌 뒤 대파를 넣고 소금과 후춧가루로 간을 맞추어 낸다.

Tip 북어포에 밑간을 한 뒤 볶으면 빠른 시간에 깊은 맛을 낼 수 있다.

# 명란달걀말이

명란 젓을 넣고 돌돌 말아 짭조름한 밥도둑 달걀말이입니다.
달걀이 익기 시작할 때 소를 넣는 것이 포인트입니다.

**재료**  달걀 4개, 물 4큰술, 명란 1쪽, 김밥용김 1장, 송송 썬 쪽파 2작은술

소금 · 후춧가루 · 식용유 약간씩

**만들기**

1_ 달걀을 볼에 깨뜨린 뒤 물, 소금과 후춧가루를 약간 넣고 잘 저어준다.

2_ 명란은 양념을 긁어내고 김은 1/2장으로 자른다.

3_ 달군 팬에 식용유를 두르고 달걀물을 부어 60퍼센트 정도 익으면 김과 명란을
올리고 끝부터 돌돌 말기 시작한다.

4_ 겉면이 노릇해지면 불을 끄고 잠깐 두었다가 한김 식으면 한입 크기로 자른다.

달걀말이는 명란뿐 아니라 채소나 소시지 등으로도 다양한 변화를 줄 수 있다.

포동포동 큼직큼직 배부른

# 포장마차달걀말이

달걀을 넉넉하게 사용하여 다진 재료를 넣고 돌돌 부쳐낸 크기부터 남다른 달걀말이입니다. 달걀물을 나누어 부어 켜가 잘 생기게 하고 충분히 익혀 내는 것이 포인트입니다.

재료 달걀 6개, 게맛살 2개, 당근 1/8개, 양파 1/4개, 쪽파 2대, 식용유 · 소금 · 후추 · 케첩 약간씩

만들기

1_ 게맛살과 당근, 양파는 곱게 다지고 쪽파는 송송 썬다.

2_ 달걀은 볼에 풀어 소금과 후추로 간을 한 뒤 1을 넣어 섞는다.

3_ 달군 팬에 식용유를 두르고 달걀물을 1/4 정도 부어 60퍼센트 정도 익혀 둘둘 만 뒤 다시 나머지 달걀물을 3~4번 정도 나누어 가며 부어 돌돌 말아 익힌다.

Tip

포장마차 달걀말이는 두꺼워서 속이 잘 익지 않기 때문에 달걀물을 3~4번에 나누어 가며 돌돌 말아야 한다.

# 다테마키

다테마키는 일본의 설에 먹는 명절 요리인 오세치 요리의 하나로 삼단 도시락에 들어 있지요. 롤케이크처럼 생긴 다테마키는 책을 돌돌 만 모양이라 자녀의 학업성취 소망을 기원하는 달걀 요리입니다.

**재료** 어묵(가마보코) 110g, 달걀 4개, 식용유 약간

**양념장** 설탕 1큰술, 간장 2작은술, 청주 3큰술

**만들기**

1_ 어묵(가마보코)을 적당한 크기로 깍둑 썰어 믹서기에 넣고 양념장을 넣는다.

2_ 달걀을 깨뜨려 넣고 어묵이 곱게 갈아 고운 체에 두 번 정도 내린다.

3_ 달군 지단팬에 식용유를 넣고 키친 타월로 닦아 낸 뒤 2의 반죽을 넣고 바닥면이 노릇해질 때까지 굽는다.

4_ 뒤집어서 마저 익힌 뒤 발이 두꺼운 김발에 돌돌 말아 2시간 정도 둔 뒤 한입 크기로 썰어 낸다.

가마보코는 일본어로 부들 이삭이라는 뜻이다. 으깬 생선살을 갈아 얇은 대나무관 주위에 발라 구운 것으로 모양이 부들과 비슷하여 그렇게 불린다. 여기에는 가운데가 뻥 뚫린 대나무 대롱 모양으로 구운 '치쿠와'와 반죽한 생선살을 반달 모양으로 썬 '한펜'이 있다. 생선살 함량이 높고 질감이 부드러운 수제 어묵을 사용하면 좋다. 기름종이를 깔아둔 스텐리스 트레이에 만들기의 4를 붓고 200도로 예열된 오븐에서 15분, 180도로 낮춰 2분 정도 더 굽는다.

한껏 부풀어 푹신하게 올라오는

# 뚝배기새우젓달걀찜

새우젓은 단백질 소화효소가 있어 달걀요리에 넣으면 달걀의 소화흡수를 도와줍니다.
일본에 입자가 곱고 부드러운 자완무시가 있다면 한국에는 거칠지만 정감있는 뚝배기 달걀찜이 있지요.

재료　달걀 4개, 물 달걀과 동량 혹은 달걀 2배의 양, 새우젓 2작은술
송송 썬 쪽파 2작은술, 소금 약간

만들기

1_ 달걀을 볼에 깨뜨린 뒤 다진 새우젓을 넣고 고루 섞어 준다.
2_ 뚝배기에 물과 소금을 넣고 센불로 바글바글 끓인다.
3_ 불을 아주 약간만 줄이고 달걀물을 넣고 살짝 저어 준다.
4_ 바닥이 탈 것 같으면 2~3번 바닥을 긁어가며 70~80퍼센트 익힌다(5~8분).
5_ 쪽파를 올리고 뚜껑을 덮고 3분 정도 중약불로 익힌 뒤 불을 끄고 상에 낸 뒤 1분 이내에 열어 준다.

Tip

전통적인 모양의 뚝배기를 사용해야 봉긋 솟아오른 달걀찜을 만들 수가 있다. 새우젓의 맛이 강해 싫다면 소금이나 간장으로 대체할 수 있다.

# 자완무시

자완은 일본어로 찻잔을 말해요. 찻잔에 달걀을 담고 요리해 붙여진 이름이지요. 밥반찬으로도 좋고 손님 초대상에 에피타이저로 내어도 좋습니다.

| | |
|---|---|
| **재료** | 달걀 2개, 다시마물 1컵, 설탕 1작은술, 소금 1/2작은술, 청주 1작은술, 간장 1작은술 |
| **고명** | 새우, 은행, 표고버섯, 찐어묵 등 취향에 따라 |
| **다시마물** | 다시마 5×5cm 1쪽, 가다랑어포 약간, 물 3컵 |

**만들기**

1. 다시마를 찬물에 넣에 중불에서 끓이고 물이 끓어오르기 시작하면 가다랑어포를 넣은 뒤 불을 끄고 2분 정도 그대로 두었다가 체에 거른다.
2. 다시마물에 설탕, 소금, 청주, 간장을 넣고 잘 섞어 준다.
3. 달걀을 고루 잘 풀어 준 뒤 2를 넣고 섞고 고운 체에 걸러 알끈을 제거한다.
4. 준비된 그릇에 고명을 넣고 달걀물을 살살 붓고 달걀물은 약간 남긴다.
5. 김이 오른 찜통에 4를 넣고 면포를 묶은 뚜껑을 덮고 중약불로 줄인 뒤 8~9분 정도 찐다.
6. 뚜껑을 열어 고명을 올려 장식한 뒤 남긴 달걀물을 붓고 다시 1~2분 정도 뜸들이 듯 익혀준다.

뚜껑에 면포를 덮으면 떨어진 수증기로 인해 달걀 표면에 기포가 생기는 것을 막을 수 있다. 찜통에 올리지 않고 끓는 물에 자완을 넣어 중탕으로 끓이듯이 찔 수도 있는데 이때는 달걀이 거칠게 부풀어 오르지 않도록 불조절에 주의를 기울여야 한다. 두꺼운 행주를 깔고 찌면 표면이 고운 자완무시를 만들 수 있다.

밑반찬계의 스테디셀러

# 달걀장조림

반찬이 없을 때 만들어 두면 큰 몫을 하는 밑반찬계의 스테디셀러입니다. 조림장에 여러 가지 재료를 넣으면 다채로운 맛을 낼 수 있지요.

재료 달걀 10개, 소금 1큰술, 식초 1큰술

조림장 간장 1/2컵, 물 2컵, 설탕 3큰술, 저민 생강 1/4쪽, 건고추 1개, 대파 1/2대, 다시마 5×5mm 1장

만들기

1_ 냄비에 달걀이 잠길 정도로 물을 붓고 소금과 식초를 넣은 뒤 12분 정도 삶아 찬물에 식혀 껍질을 벗긴다.

2_ 냄비에 분량의 조림장 재료를 모두 넣고 한 소끔 끓인 뒤 달걀을 넣고 중약불로 끓인다.

3_ 간장물이 1/3 정도 줄고 달걀에 간장색이 배면 불을 끄고 식힌 뒤 통에 담아 보관한다.

Tip 달걀을 중간중간 굴려가며 조려야 달걀에 간장색이 고르게 밴다.

# 반숙달걀장아찌

살짝 덜 익힌 달걀을 간장물에 담가 간이 배게 한 뒤 밥이나 라면, 우동 위에 올려 먹는 일본식 밑반찬입니다. 달걀을 반숙으로 삶는 것이 가장 중요한 포인트지요.

**재료**　　달걀 10개, 소금 1큰술, 식초 1큰술

**장아찌물**　　물 2컵, 간장 1/2컵, 사과 1/2개, 대파 1대, 양파 1/2개, 마늘 5쪽, 표고버섯 3개

　　　　　설탕 3큰술, 맛술 3큰술

**만들기**　　1_ 냄비에 달걀이 잠길 정도로 물을 붓고 소금과 식초를 넣은 뒤 9분 정도 삶아 찬 물에 식혀 껍질을 까둔다.

　　　　2_ 냄비에 분량의 장아찌물 재료를 모두 넣은 후 중약불에서 10분 정도 끓여준 뒤 체에 걸러준다.

　　　　3_ 달걀을 소독한 유리병에 넣은 후 2를 부어 식힌 뒤 냉장고에 보관한다.

반나절 정도 둔 뒤 바로 꺼내 먹을 수 있다.

이토록 쉬운 요리가 또 있을까?

# 토마토달걀볶음

토달볶으로 알려진 이 요리는 원래 중국식 집밥 요리입니다. 부드러운 스크램블 스타일의 달걀과 달큰한 토마토가 어우러져 색다른 맛을 낸 일품요리이지요.

**재료** 달걀 3개, 완숙 토마토 1개, 송송 썬 쪽파 2작은술, 소금 · 후추 · 식용유 약간씩

**만들기**

1_ 토마토는 밑부분에 십자로 칼집을 내 끓는 물에 살짝 데쳐 찬물에 식힌 뒤 껍질을 벗기고 웨지 모양으로 썰어 씨를 제거한다.

2_ 볼에 달걀을 넣어 소금과 후추로 간을 한 뒤 잘 풀어준다.

3_ 달군 팬에 식용유를 두르고 풀어 놓은 달걀을 넣어 중불에서 스크램블해 익혀 덜어 둔다.

4_ 달걀을 덜어낸 팬에 토마토를 넣고 소금과 후추로 간해 센불로 재빨리 볶은 뒤 달걀과 쪽파를 넣고 한 번 더 볶아준다.

Tip 밥반찬으로 먹어도 좋고 밥 위에 올려 비벼 먹거나 면이나 빵에 곁들여 먹어도 좋다. 토마토를 재빨리 볶아 너무 무르지 않도록 한다.

# 달걀오꼬노미야끼

두툼한 달걀 반죽에 토핑을 올린 달걀전이라고 할 수 있습니다. 토핑은 기호에 맞게 바꾸어 사용해도 좋아요.

**재료**
달걀 4개, 양배추 3장, 양파 1/4개, 마 10cm 정도, 베이컨 3줄, 오징어 1/2마리

칵테일새우 4마리, 송송 썬 쪽파 5대, 밀가루 혹은 부침가루 1/2컵

소금 · 후추 · 오꼬노미소스 · 가쓰오브시 · 마요네즈 약간씩

**만들기**

1_ 마는 곱게 갈아 달걀 2개를 깨뜨려 넣고 섞은 뒤 밀가루를 넣고 잘 저어준다.

2_ 양배추와 양파는 곱게 채 썰고 베이컨과 오징어, 새우는 굵직하게 다져 1에 섞는다.

3_ 송송 썬 쪽파는 섞고 소금과 후추로 간을 맞춘다.

4_ 달군 팬에 식용유를 두르고 3의 반죽을 동그랗게 편 뒤 반죽이 반 정도 익으면 달걀을 깨뜨려 올려 뒤집어 앞뒤로 노릇하게 굽는다.

5_ 4를 접시에 담고 오꼬노미소스, 마요네즈를 뿌리고 가쓰오브시를 올려 낸다.

김가루는 뿌리고, 오징어나 새우 대신 쇠고기나 돼지고기의 다짐육을 넣어도 좋다. 오꼬노미 소스를 구하지 못하면 돈가스 소스로 대체해도 상관 없다.

# 짭짤한 스터프드에그

속을 채운다는 뜻의 스터프드와 달걀이 합쳐진 이 요리는 그야말로 달걀의 속을 채워 만든 요리입니다. 소를 부드럽게 만들어 다시 달걀 노른자처럼 보이게 채워주는 것이 포인트지요.

**재료**  달걀 5개, 마요네즈 4큰술, 다진 햄 3큰술, 다진 오이 3큰술, 소금 · 후춧가루 약간씩

**만들기**
1_ 노른자가 중간에 오도록 달걀을 굴려가면서 12~13분 삶은 뒤 찬물에 담가 껍데기를 깐 뒤 반을 자른다.
2_ 볼에 오이를 넣고 소금을 약간 넣어 10분 정도 절인 뒤 물기를 꼭 짜둔다.
3_ 볼에 노른자를 담고 마요네즈와 잘게 다진 햄, 오이를 넣고 으깬 뒤 소금과 후추로 간한다.
4_ 3을 짤주머니에 넣고 흰자 위에 듬뿍 짜낸다.

소에 넣는 재료를 아주 곱게 다져야 짤주머니로 쉽게 짤 수 있다.

피시&칩스와 함께 먹는

# 달걀피클

달걀피클은 우리에게는 생소하지만 영국의 집밥요리입니다. 영국의 대표적인 요리인 피시&칩스와 함께 먹으면 일품인 요리지요.

**재료** 달걀 7개

**피클물** 물 1컵, 식초 1컵, 설탕 1/2컵, 소금 1큰술, 피클링스파이스 2작은술, 양파 1/2개

**만들기**

1_ 달걀은 12~13분 정도 완숙으로 삶아 찬물에 헹궈 껍질을 벗긴다.

2_ 양파는 밑동이 나누어지지 않게 2~4등분한다.

3_ 냄비에 분량의 피클물 재료를 넣고 중불로 소금과 설탕이 녹을 때까지 팔팔 끓여 체에 거른다.

4_ 병에 달걀을 넣고 뜨거운 3을 부은 뒤 식혀 뚜껑을 덮어 냉장고에 보관한다.

Tip 이틀 정도 숙성한 뒤부터 먹을 수 있는데 느끼한 요리에 곁들이면 별미요리로 손색이 없다.

달걀말이와 달걀찜을 재활용한

# 달걀탕수

그럴 일은 없겠지만 먹고 남은 달걀말이나 달걀찜이 있다면 재활용해 볼 만한 요리입니다. 달걀의 색다른 질감에 놀라실 거예요.

재료 달걀 6개, 청피망 · 홍피망 · 양파 1/6개씩, 당근 1/8개, 소금 · 튀김가루 · 식용유 적당량씩

튀김옷 달걀 1개, 밀가루 1/2컵, 녹말가루 1/2컵, 얼음물 2/3컵

탕수소스 설탕 3큰술, 간장 1큰술, 식초 5큰술, 물 1/2컵, 슬라이스 레몬 1/2개분 녹말가루 2작은술, 소금 약간

만들기

1_ 청피망, 홍피망, 양파, 당근은 굵직하게 다진다.

2_ 볼에 달걀을 풀고 1을 섞은 뒤 소금으로 간해 오븐 용기에 부어 180도 예열된 오븐에 20~25분 정도 구워내거나 김이 오른 찜통에 15분 정도 찐다.

3_ 2를 식혀 용기에서 꺼내 2×2센티미터 크기로 썰어 튀김가루를 묻힌다.

4_ 분량의 튀김 옷을 젓가락으로 살살 저어 만든 후 3을 넣고 버무린다.

5_ 170도로 달군 기름에 4를 넣고 바삭하게 튀겨 기름기를 제거한다.

6_ 녹말물을 제외한 분량의 탕수소스 재료를 팬에 넣고 끓여 5를 버무려 내거나 5에 부어 낸다.

Tip 탕수 소스를 만들 수 없다면 케첩이나 머스터드에 찍어 먹어도 색다르다.

PART 5

달걀 in
Specialday
Cook

# 네기소스 달걀새우오믈렛

기본 오믈렛을 마스터 했다면 속을 넣은 오믈렛을 만들 수 있습니다.
파의 향이 입안 가득 채워질 거예요. 오므렛 속은 다채롭게 바꾸어 넣어도 좋아요.

**재료**  달걀 4개, 우유 1/2컵, 새우 3개, 양파 · 청피망 · 홍피망 1/4개씩, 소금 · 후춧가루 · 식용유 약간씩

**네기소스**  간장 · 청주 · 양파즙 · 사과즙 3큰술씩, 다시마 우린 물 1컵, 다진 마늘 1작은술, 월계수잎 1장
송송 썬 쪽파 4큰술

**만들기**

1_ 달걀, 우유, 소금, 후춧가루를 고루 섞어 체에 내려 둔다.

2_ 냄비에 쪽파를 제외한 분량의 소스 재료를 넣고 센불에서 끓인다.

3_ 한소끔 끓어오르면 중약불에서 10분 정도 더 끓인 뒤 송송 썬 쪽파를 넣고 불을 꺼 네기소스를 만든다.

4_ 새우는 껍질과 내장을 제거하고 끓는 물에 데쳐 식혀 굵게 다진다. 양파, 청피망, 홍피망은 굵게 다진다.

5_ 팬에 식용유를 약간 두르고 4의 채소와 새우를 넣고 소금과 후춧가루로 간을 살짝 한 뒤 볶아 팬 가장자리로 밀쳐 둔다.

6_ 팬에 식용유를 두르고 1의 달걀물을 붓고 젓가락으로 살살 저어가며 부드럽게 익힌다.

7_ 달걀이 반쯤 익으면 소를 가운데로 모으고 주걱이나 젓가락을 이용해 달걀을 감싸가며 럭비공 모양을 만들어 접시에 담고 네기소스를 곁들여 낸다.

네기는 일본 말로 '파'이다. 은은한 파향이 나는 간장소스로 기호에 맞지 않는다면 케첩이나 드레싱으로 대체해도 좋다.

# 아놀드베넷오믈렛

영국 런던의 유명 호텔인 사보이에 머물면서 소설을 집필한 소설가 아놀드 베넷의 이름을 본떠 만든 대구살을 듬뿍 넣고 만든 촉촉한 오믈렛이에요. 맛이 얼마나 좋았던지 아놀드 베넷은 호텔에 머무는 내내 이 오믈렛만 먹었다고 합니다.

**재료**  달걀 8개, 대구살 300g(부피), 버터 30g, 다진 파슬리 1큰술

소금 · 후춧가루 · 파르메산 치즈 약간씩

**우유물**  우유 2½컵, 채 썬 양파 1/4개 분량, 월계수잎 1개, 정향 1개

**화이트 루**  버터 1½큰술, 밀가루 1½큰술

**만들기**

1_ 팬에 우유를 붓고 채 썬 양파, 월계수잎, 정향을 넣어 따뜻하게 데운다.

2_ 1에 대구살을 넣고 약불에서 익힌 뒤 건져 포크로 거칠게 으깨고, 우유는 체에 걸러준다.

3_ 팬에 버터를 녹인 뒤 밀가루를 조금씩 넣고 저어가며 끓여 화이트 루를 만든다.

4_ 3에 2의 우유를 조금씩 부어가며 베샤멜소스를 만든 후 소금과 후춧가루로 간 한다.

5_ 볼에 달걀과 소금, 후춧가루를 넣고 곱게 풀어둔다.

6_ 오븐에 사용 가능한 팬에 버터를 넣고 녹인 뒤 5의 달걀물을 부은 뒤 부드럽게 저어 스크램블 형태로 반 정도 익힌 뒤 2의 대구살을 올린다.

7_ 6에 베샤멜소스를 올려 덮은 후 파르메산 치즈를 듬뿍 뿌려 210도로 예열한 오븐에 넣어 10분간 익힌 뒤 노릇하게 색이 나면 꺼내어 다진 파슬리를 뿌린다.

화이트 루는 밀가루와 버터를 넣어 볶다가 방울이 올라오고 밝은 색을 띠게 되면 조리를 중지한다. 색을 필요로 하지 않는 소스나 수프에 사용된다.

베샤멜 소스는 루가 되면 식혔다가 우유를 조금씩 부으며 계속 저어가며 만든다.

# 웰시레어빗

치즈를 듬뿍 얹어 쌀쌀한 날 따뜻하게 먹기 좋은 토스트로 영국의 펍요리입니다. 만들기가 쉬울 뿐 아니라 브런치부터 간식까지 다용도로 활용이 가능하지요.

**재료**  버터 1큰술, 다진 양파 1/2개분, 그뤼에르 치즈 간 것 1/2컵, 체다 치즈 1/2컵

에일 또는 라거 맥주 1/4컵, 홀스그레인 머스터드 1작은 술, 소금 약간, 달걀 4개

도톰한 식빵 2장, 통후춧가루 약간

**만들기**
1_ 바닥이 두툼한 냄비에 버터를 녹인 뒤 다진 양파를 노릇노릇하게 볶는다.
2_ 그뤼에르치즈, 모차렐라 치즈, 맥주, 홀그레인 머스터드, 소금을 넣고 치즈가 녹을 때까지 익힌다.
3_ 달걀을 풀어 2에 넣고 반죽이 약간 몽글몽글해질 때까지 2~3분 저어준다.
4_ 아무것도 두르지 않은 팬에 빵을 토스트하여 3을 듬뿍 올린다.
5_ 오븐을 그릴 기능으로 켜서 치즈가 부풀어 오르고 노릇하게 구워 꺼낸 뒤 통후춧가루를 뿌려 낸다.

맥주에는 에일 맥주와 라거 맥주가 있는데 에일 맥주는 고온에서 발효하고 향이 강한 맥주로 상면발효 맥주들이 이에 해당한다. 여기서는 취향에 따라 시원한 라거를 사용해도 무관하다.

# 감자베이컨프리타타

프리타타는 타원형으로 말지 않고 도톰하게 부쳐 오븐에서 익히는 이탈리아식 오븐 오믈렛입니다. 여러 사람이 같이 먹는 브런치 요리로 아주 좋아요.

**재료**  달걀 5~6개, 우유 1/2컵, 파르메산 치즈가루 2큰술, 후춧가루 약간, 감자 1개, 브로콜리 1/4송이
양파 1/4개, 베이컨 2줄, 모차렐라 치즈 1/2컵

**만들기**

1_ 볼에 달걀, 우유, 파르메산 치즈가루, 후춧가루를 넣어 잘 섞는다.

2_ 감자는 껍질을 벗기고 반으로 자른 뒤 얇게 썰어 끓는 물에 데쳐 물기를 뺀다.

3_ 브로콜리는 한입 크기로 썬 뒤 끓는 물에 데치고 찬물에 헹구어 그대로 물기를 뺀다.

4_ 양파와 베이컨은 굵게 채 썰어 준다.

5_ 오븐에서 사용가능한 달군 팬에 올리브오일을 두르고 데친 감자와 양파, 브로콜리, 베이컨을 넣고 볶는다.

6_ 5에 1의 달걀물과 남은 재료들을 고루 섞어 붓고 젓가락으로 저어가며 반 정도 익힌다.

7_ 모차렐라 치즈를 올리고 180도로 예열한 오븐에서 윗면이 노릇해지고 속이 익을 때까지 10~15분간 굽는다.

채소는 기호에 따라 바꾸어도 괜찮다.

# 수플레 오믈렛

수플레는 프랑스어로 '부풀다'라는 뜻입니다. 아주 보드라운 프랑스의 대표적인 달걀 요리로
달걀 흰자로 충분히 거품을 내어 옴폭한 그릇에 달걀 반죽을 넣고 부풀려 익히는데
거품이 쉽게 꺼지지 않도록 하는 게 포인트입니다. 달걀찜보다 부드럽게 만들어야 해요.

**재료**　　달걀 4개, 설탕 2큰술, 버터 1½큰술, 슈가 파우더 약간

**만들기**

1_　달걀은 흰자와 노른자로 분리한다.

2_　달걀 노른자에 설탕 1큰술을 넣고 연한 노란 색이 될 때까지 거품기로 충분히 섞는다.

3_　달걀 흰자에 설탕 1큰술을 넣고 단단하게 거품을 올린다.

4_　2의 달걀 노른자 거품에 2의 달걀 흰자를 2~3번에 나누어 가볍게 섞는다.

5_　오븐 사용이 가능한 팬이나 용기에 버터를 녹인 다음 4의 반죽을 넣고 약한 불로 2~3분간 저어가며 익힌다.

6_　5의 팬을 180도로 예열한 오븐에 넣고 10~12분 정도 구워 슈가파우더를 뿌려 낸다.

기호에 따라 달콤한 시럽을 곁들여도 좋다.

# 베이컨에그코코트

코코트는 '작은 용기'라는 뜻의 프랑스어입니다. 작은 그릇에 달걀처럼 간단한 요리를 넣고 익힌 것을 말하지요.

**재료**  달걀 2개, 베이컨 4줄, 양파 1/4개, 시금치 1포기, 생크림 3큰술

올리브유 · 소금 · 통후춧가루 약간씩

**만들기**

1_ 양파는 껍질을 벗겨 씻은 뒤 곱게 채썰고 시금치는 깨끗하게 씻어 잎을 나눈 뒤 굵직하게 다진다.

2_ 달군 팬에 1의 양파를 넣고 소금과 통후춧가루를 넣어 말갛게 볶아 접시에 담아낸다.

3_ 2의 양파를 덜어낸 팬에 베이컨을 부드럽게 구운 뒤 기름기를 닦아낸다.

4_ 작은 오븐용 용기에 시금치와 양파를 넣고 베이컨을 용기 가장자리로 돌려 담고 달걀 노른자가 터지지 않게 1개씩 넣은 뒤 생크림을 뿌리고 소금과 통후춧가루를 살짝 뿌려준다.

5_ 4를 200도로 예열한 오븐에 12~15분간 굽는다.

베이컨을 작은 용기에 두르지 않고 잘게 다져서 뿌리기도 한다.

구름처럼 폭신한 식감의

# 에그인클라우드

달걀 흰자로 단단하게 거품을 내어 요리하기 때문에 노른자가 마치 구름 안에 들어있는 모양이라 Egg in clouds라는 이름이 붙은 요리로 겉은 바삭하고 안은 폭신한 식감의 메뉴입니다.

재료 달걀 4개, 파르메산 치즈가루 2큰술, 베이컨 2줄, 바질잎 · 소금 · 후춧가루 약간

만들기

1_ 달걀은 흰자와 노른자를 분리해 준비한다.

2_ 베이컨은 곱게 다져 기름을 두르지 않은 팬에 바삭하게 구워 입을 만들어 키친타월에 올려 기름기를 제거한다.

3_ 볼에 달걀 흰자를 넣고 거품기로 뿔이 올라올 때까지 단단하게 휘핑한 다음 파르메산 치즈가루를 넣고 거품이 죽지 않도록 가볍게 섞는다.

4_ 오븐팬에 유산지나 종이 포일을 깔고 3의 달걀 머랭을 올린 뒤 가운데를 오목하게 만들어가며 원형모양을 만든다.

5_ 4를 230도로 예열한 오븐에 넣고 2~3분간 굽는다.

6_ 5를 꺼내어 달걀 노른자를 가운데 올려준 뒤 다시 오븐에 넣어 2~3분간 구운 뒤 다진 바질과 베이컨칩, 통후춧가루, 바질 다진 것을 뿌려 완성한다.

Tip 달걀 흰자로 거품을 낸 것을 머랭이라고 하는데 이 머랭은 색이 나지 않아야 구름처럼 보인다.

# 에그퐁듀

달걀을 반숙으로 삶아 브로콜리나 아스파라거스, 브레드 스틱을 찍어 먹는 요리입니다.
달걀 노른자가 소스가 되기 때문에 반숙으로 삶는 것이 중요해요.

**재료**  달걀 2개, 아스파라거스 6대(혹은 브로콜리 1/2송이), 얇은 베이컨 6줄

소금 · 통후춧가루 · 파르메산 치즈 간 것 약간

**브래드스틱**  식빵 2쪽, 올리브오일 · 파르메산 치즈 약간씩

**만들기**

1_ 냄비에 달걀이 완전히 잠길 정도로 물을 충분히 붓고 소금을 넣어 끓인다.

2_ 물이 끓으면 달걀을 넣고 5~6분간 삶은 뒤 바로 찬물에 넣어 반숙 상태를 유지한다.

3_ 아스파라거스(브로콜리)는 먹기 좋은 크기로 손질해 끓는 물에 데쳐 찬물에 헹군 뒤 그대로 물기를 뺀다.

4_ 2의 아스파라거스(브로콜리)에 베이컨을 감아준 뒤 올리브유를 약간 두른 팬에 올려 베이컨이 풀리지 않도록 노릇하게 구워준다.

5_ 식빵은 길게 4~5등분하여 올리브오일을 바르고 파르메산 치즈가루를 뿌린 뒤 190도로 예열된 오븐에서 노릇하게 굽거나 아무것도 두르지 않은 팬에 바삭하게 굽는다.

6_ 접시에 아스파라거스(브로콜리) 베이컨 말이, 치즈 브레드를 올리고 반숙 달걀을 잘라 보기 좋게 담고 통후춧가루와 파르메산 치즈를 갈아 올린다.

아스파라거스 대신 브로콜리를 사용할 때는 질긴 부분은 빼고 줄기까지 다 사용하도록 한다. 당근이나 샐러리로 대체할 수도 있다.

# 보틀인에그

일본에 자완무시가 있다면 서양에는 보틀인에그가 있습니다. 그냥 떠 먹거나 빵에 스프레드처럼 올려 가벼운 한끼 식사로 즐기기에도 좋은데 달걀의 익힘 정도는 취향에 따라 조절하세요.

**재료**
바게트 4쪽, 달걀 2개, 감자 1/2개, 베이컨 2줄, 양파 1/4개, 양송이버섯 2개
생바질잎 5~6장, 마요네즈 1큰술, 소금 · 후춧가루 약간

**만들기**
1_ 감자는 껍질을 벗긴 뒤 김이 오른 찜통에 넣고 20분간 찐 후 뜨거울 때 으깨어 마요네즈, 소금, 후춧가루를 섞어준다.
2_ 베이컨과 양파, 양송이버섯은 곱게 채 썰고 바질은 굵게 다진다.
3_ 달군 팬에 양파, 양송이버섯을 넣고 소금, 후춧가루를 넣어 노릇하게 볶아 식혀 두고 베이컨은 바삭하게 볶아 기름기를 뺀다.
4_ 병에 1의 감자와 양파, 양송이를 섞어 채우고 달걀을 깨뜨려 넣는다.
5_ 김이 오른 찜통에 8분간 쪄준 뒤 바삭하게 볶은 베이컨과 바질 다진 것을 뿌리고 바게트 빵과 함께 곁들여 낸다.

# 새우스카치에그

스카치 에그는 영국의 왕실 찻집으로도 유명한 포트 넘 앤 메이슨에서 처음 만들기 시작하면서 대중적인 영국 메뉴가 되었습니다. 보통은 다진 고기를 감싸 튀기는데 새우살로 만들어도 별미 입니다.

| | |
|---|---|
| **재료** | 달걀 4개, 식용유 · 핫소스 · 머스터드 소스 적당량 |
| **패티** | 새우살 150g, 다진 파슬리 1작은술, 다진 오레가노 1/2작은술(건일경우 약간) |
| | 고운 고춧가루 1/3작은술, 마늘가루 1/4작은술, 다진 쪽파 2큰술, 빵가루 2큰술, 우유 2큰술 |
| | 소금 · 후춧가루 약간씩 |
| **튀김옷** | 밀가루(중력분) 1/2컵, 달걀 2개, 빵가루 1컵 |

**만들기**

1. 냄비에 달걀이 완전히 잠길 정도로 물을 충분히 붓고 소금을 넣어 끓인다. 물이 끓으면 달걀을 넣고 8~9분간 삶은 뒤 찬물에 식혀 껍질을 벗긴다.
2. 새우살은 블랜더를 이용해 곱게 갈아준다.
3. 볼에 패티 재료를 넣고 잘 버무린 후 치대어 패티 반죽을 만든다.
4. 패티 반죽을 떼어 달걀을 감싸준다.
5. 달걀을 감싼 4에 밀가루, 달걀, 빵가루를 순서대로 각각 묻힌다.
6. 170도로 예열된 기름에 5분간 노릇하게 색이 나도록 튀겨 기름기를 빼고 기호에 따라 머스터드나 핫소스를 곁들여 먹는다.

달걀을 삶을 때 초반 5분 정도 굴리면서 끓이면 노른자가 가운데로 위치하게 된다.

# 에그크레페

크레페 위에 치즈를 올리고 달걀을 하나 깨뜨려 네모로 접어 준 브런치 요리입니다. 달걀의 익힘 정도를 기호에 맞게 조절하세요.

**재료**  달걀 2개, 베이컨 2장, 양송이버섯 2개, 방울토마토 4개, 모차렐라 치즈 3큰술, 어린잎채소 1줌

발사믹 소스 · 파르메산 치즈가루 · 올리브유 · 소금 · 후춧가루 약간씩

**크레페 반죽**  밀가루 강력분 · 박력분 25g(부피)씩, 설탕 1작은술, 달걀 1개, 우유 100ml, 녹인 버터 1큰술

**만들기**

1_ 볼에 달걀을 풀고 크레페 반죽에 넣을 체에 친 가루 재료들을 넣고 섞은 후 녹인 버터와 우유를 넣어 섞어준다.

2_ 1의 반죽을 실온에서 30분~2시간 동안 숙성시킨다.

3_ 양송이 버섯은 4등분하고, 방울토마토는 2~4등분한다. 베이컨은 2등분한다.

4_ 달군 팬에 베이컨을 굽고 양송이버섯과 방울토마토를 넣어 볶은 뒤 접시에 덜어 한김 식혀준다.

5_ 달군 팬에 올리브유를 두르고 키친타월로 닦은 뒤 약불로 줄이고 반죽을 떠서 얇게 펴 부친다.

6_ 크레페의 한쪽 면이 익으면 뒤집은 뒤 그 위에 달걀 한 개를 깨뜨려 노른자가 가운데 오도록 넣는다.

7_ 노른자 주위에 베이컨, 4의 볶은 채소, 모차렐라 치즈를 올린 뒤 네 귀퉁이를 접어 네모 모양을 만들어 준다.

8_ 달걀 위에 소금과 후춧가루를 뿌린 뒤 약한 불에서 치즈가 살짝 익을 정도로 익힌다.

9_ 완성된 크레페를 접시로 옮긴 뒤 어린잎 채소를 올리고 파르메산 치즈가루, 발사믹소스를 뿌려 마무리한다.

채소는 기호에 따라 바꾸어 사용해도 된다. 달걀의 익힌 정도 역시 기호에 따라 조절하면 된다.

# 떠먹는 달걀버섯피자

빵 도우 대신 달걀을 도우로 이용한 피자예요. 빵이 아니라 들고 먹기는 힘들고 포크와 나이프를 이용해 떠먹어야 해요.

**재료**  달걀 4개, 양송이버섯 4개, 새송이버섯 1개, 느타리버섯 1줌, 양파 1/4개, 완숙토마토 1개
프랑크소시지 2개, 토마토 소스 4큰술, 모차렐라 치즈 1컵
소금 · 후춧가루 · 올리브유 · 다진 파슬리 약간씩

**만들기**
1_ 양송이버섯은 슬라이스하고 새송이버섯은 밑동을 잘라내어 굵직하게 채 썰고 느타리버섯은 밑동을 잘라 가닥을 나눈다.
2_ 양파는 채 썰고 토마토는 초승달 모양으로 썰고 프랑크소시지는 끓는 물에 데쳐 송송 썬다.
3_ 팬에 올리브유를 두르고 양파를 넣고 볶아 향을 낸 뒤 1의 버섯과 소금, 후춧가루를 넣고 볶는다.
4_ 팬에 올리브유를 두르고 달걀을 깨뜨려 넣고 젓가락으로 가볍게 저어준다.
5_ 달걀이 반쯤 익으면 토마토 소스를 바르고 3의 버섯을 올리고 2의 소시지와 토마토를 올려준다.
6_ 모차렐라 치즈를 올린 뒤 뚜껑을 닫고 치즈를 녹이고 다진 파슬리를 뿌려 낸다.

바닥이 두꺼운 팬을 이용해야 달걀이 타지 않는다. 달걀이 덜 익었을 때 요리를 시작해야 식감이 질기지 않게 된다.

# 아보카도달걀오븐구이

아보카도에 달걀을 깨뜨려 넣고 오븐에서 구운 간단하지만 맛있는 요리입니다.
아이올리마요소스를 곁들여 먹으면 아주 일품이지요.

**재료**　아보카도 1개, 달걀 2개, 마늘 2톨, 베이컨 1줄, 줄기토마토 5~6개
시골빵(깜빠뉴) 슬라이스 2~4쪽, 소금 · 통후춧가루 · 올리브오일 약간씩

**아이올리마요소스**　마요네즈 2큰술, 칠리소스 1작은술, 다진 마늘 2작은술, 레몬즙 1작은술
소금 · 흰후춧가루 · 파슬리가루 약간씩

**만들기**

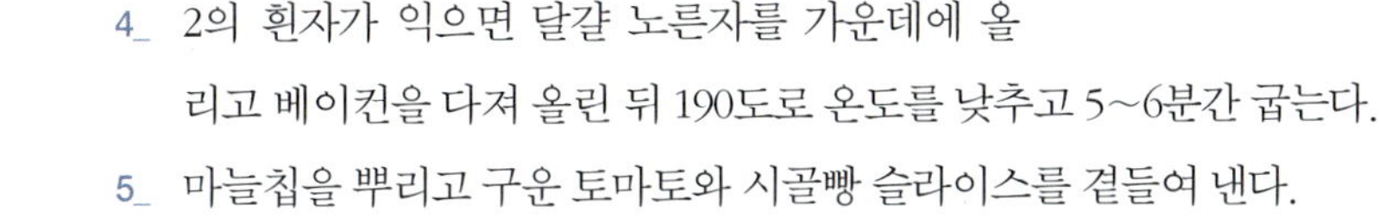

1_ 아보카도는 반으로 갈라 씨를 뺀 뒤 속을 약간 파낸 다음 달걀 흰자를 넣고 소금, 통후춧가루, 올리브오일을 뿌린다.

2_ 오븐팬에 1의 아보카도와 줄기토마토를 넣고 200도로 예열한 오븐에서 10분 정도 굽는다.

3_ 마늘을 얄팍하게 슬라이스해 올리브유를 두른 팬에 노릇하게 구워 마늘칩을 만들고 기름기를 뺀다.

4_ 2의 흰자가 익으면 달걀 노른자를 가운데에 올리고 베이컨을 다져 올린 뒤 190도로 온도를 낮추고 5~6분간 굽는다.

5_ 마늘칩을 뿌리고 구운 토마토와 시골빵 슬라이스를 곁들여 낸다.

달걀과 아보카도를 스프레드처럼 부드럽게 으깨어 밥이나 파스타에 곁들여 먹으면 좋다.

# 에그푸딩(커스터드 푸딩)

보드랍고 달콤한 에그푸딩은 디저트로 많이 먹는 요리입니다. 미리 차갑게 만들어 둘 수 있어 좋고 예쁜 푸딩병에 담으면 음식 선물로도 좋지요.

**재료**  달걀 1개, 달걀 노른자 3개분, 우유 250g, 설탕 60g(30g+30g), 바닐라빈 1/4개, 럼주 2큰술

**캐러멜 소스**  설탕 100g, 물 30g, 뜨거운 물 20g

**만들기**

1_ 우유에 준비한 설탕 30그램과 바닐라빈의 씨를 긁어 넣고 80도가 될 때까지 약한 불에서 끓인다. 불을 끄고 한김 식힌 뒤 럼주를 넣는다.

2_ 새로운 볼에 달걀과 설탕 30그램을 넣고 거품이 생기지 않도록 젓는다.

3_ 2에 1을 넣고 잘 섞은 뒤 체에 두 번 거르고 거품이 생기지 않게 완성 그릇에 담는다.

4_ 높이가 있는 오븐 팬에 뜨거운 물을 반 정도 붓고 3을 올린다.

5_ 170도로 예열한 오븐에 4를 넣고 중탕으로 25~30분간 구워준다.

6_ 푸딩을 한김 식히고 냉장고에 넣어 3시간 이상 굳힌다.

7_ 냄비에 캐러멜 소스 재료 물 30그램과 설탕을 넣고 끓인다. 잔거품이 나고 연한 갈색이 돌면 불을 끄고 뜨거운 물 20그램을 섞어 차가운 물에 담가 식힌다.

8_ 충분히 식힌 푸딩에 7의 캐러멜 소스를 뿌려 완성한다.

캐러멜 시럽을 식힐 때는 냄비 안으로 물이 들어가지 않도록 주의해야 한다. 만들기 번거롭다면 시판용 캐러멜 소스를 사용해도 된다. 또 다른 방법은 캐러멜 소스를 먼저 담고 반죽을 넣고 구워 차갑게 식혀 뒤집어 낸다. 캐러멜 시럽이 반은 굳고 반은 녹아 새로운 맛을 느낄 수 있다.

# 에그노그

에그노그는 미국 남부 지방에서 크리스마스나 연말이 되면 만들어 먹는 따뜻한 달걀 음료입니다. 위스키나 브랜디 같은 술을 넣어 먹기도 하고 논알콜로 즐기기도 하지요.
달걀과 우유를 사용하기 때문에 영양가가 높아요.

**재료**  달걀 노른자 2개, 바닐라 익스트렉 1/4작은술, 우유 200ml, 생크림 50ml, 설탕 30g
넛맥가루 · 소금 약간, 럼주(위스키나 브랜디) 30ml, 시나몬 파우더 약간

**만들기**

1_ 볼에 달걀 노른자와 바닐라 익스트렉을 넣고 거품기를 사용하여 부드럽게 풀어 준다.

2_ 냄비에 우유, 생크림, 설탕, 넛맥 가루, 소금을 넣고 데워 냄비의 가장자리가 끓기 시작하면 바로 불을 끈다.

3_ 1의 달걀 노른자에 2를 조금씩 부어가면서 거품기로 섞어 준 후 체에 한 번 걸러 준다.

4_ 애그노그를 잔에 따른 다음 취향에 따라 럼주나 위스키, 브랜디 등을 넣고 시나몬 파우더를 뿌려 완성한다.

에그노그를 만들 때 달걀 전체를 사용해도 좋지만 달걀 노른자만을 사용하면 거품이 많이 생기지 않아 쉽게 만들 수 있다. 따뜻하게 데운 우유와 생크림을 달걀에 부을 때는 조금씩 부어가며 섞어야 달걀이 익지 않고 부드럽게 잘 섞인다.

# 한국양계농협은

# 고품질의 제품생산으로 언제나 소비자의 곁에 있습니다.

Korea poultry Agricultural Cooperative always there for customers with top quality egg products.

대한민국 양계산업의 대표 농협

국민의 건강을 지켜가는 농협

조합원과 고객의 행복을 만들어가는 농협

도전과 개혁으로 미래를 개척하는 농협

자연 그대로의 신선함과 정성으로 우리 국민의 건강한 식생활문화를 지켜갑니다.

www.Kegg.co.kr